职业是一种信仰

——写给职场起跑者

刘宏　编著

中国财富出版社

图书在版编目（CIP）数据

职业是一种信仰：写给职场起跑者／刘宏编著．—北京：中国财富出版社，2014.11

ISBN 978－7－5047－5233－8

Ⅰ．①职… Ⅱ．①刘… Ⅲ．①成功心理—通俗读物 Ⅳ．①B848.4－49

中国版本图书馆 CIP 数据核字（2014）第 242292 号

策划编辑 张艳华　**责任印制** 方朋远
责任编辑 张　静　**责任校对** 饶莉莉

出版发行 中国财富出版社
社　　址 北京市丰台区南四环西路 188 号 5 区 20 楼　**邮政编码** 100070
电　　话 010－52227568（发行部）　010－52227588 转 307（总编室）
010－68589540（读者服务部）　010－52227588 转 305（质检部）
网　　址 http：//www.cfpress.com.cn
经　　销 新华书店
印　　刷 北京京都六环印刷厂
书　　号 ISBN 978－7－5047－5233－8/B・0407
开　　本 880mm×1230mm　1/32　**版　　次** 2014 年 11 月第 1 版
印　　张 6.375　**印　　次** 2014 年 11 月第 1 次印刷
字　　数 143 千字　**定　　价** 16.00 元

习惯是由一再重复的思想行为形成的，具有很强的惯性。某位哲学家曾说过："首先，我们培养习惯；然后，习惯塑造我们。"要培养一个好习惯，需要按照一系列的步骤来进行。习惯决定着你的活动空间的大小，也决定着你的成败。对于职场新秀们来说，养成好的职场习惯，对于你们的成功非常重要。与此同时，好习惯养成不易，但坏习惯往往形成于不知不觉中。与培养良好习惯相对应的，是远离坏习惯。所谓不破不立，如果不远离坏习惯，好习惯是难以建立起来的。

鲜花和掌声，永远属于站得最高的人。在充满竞争的领域，即使是细微的差别也会将胜利者与其他人区别开来。在这个赢家通吃、只有第一没有第二的世界里，事实非常残酷。“凡有的，还要加给他，叫他有余；没有的，连他所有的，也要夺过来。”我们都知道成功需要多方面的努力，但自信和自尊是必不可少的，要相信：世界因你会更美好，没有人能取代你；在世上你就是唯一，你一定能从唯一到第一。

职场中，“蘑菇定律”又称“萌发定律”，是许多组织对待初出茅庐者的一种管理方法；具体是指初入职场者常常会被置于不受重视的岗位，做的基本都是打杂跑腿工作，就像蘑菇培育一样有时还要被浇上一头大粪，接受各种无端的批评、指责，代人受过，得不到必要的指导和提携，处于自生自灭过程中。请记住达尔文的忠告：要想改变环境，必须先适应环境。只有将自己的工作做到极致，做到炉火纯青，做出绝活儿，才能让别人由衷地跷起大拇指，在沉下去之后成功地“浮出水面”。

在学校里，可能你已经掌握了 Microsoft Office 的 Word、Excel、PowerPoint、Access 等办公软件的基础操作方法，但这些软件或数据库在职场中的实际应用，远比你在学校掌握的内容要复杂得多。并且，对每个想提升自己综合能力的员工来说，比较常用的应用软件，莫过于统计软件、财务软件、制图软件。统计软件以 Excel、SPSS、EViews、SAS、R 为代表；财务软件以 Excel、用友 ERP、金蝶 ERP 为代表；制图软件以 AutoCAD、Photoshop、Visio 为代表。

企业文化集中体现了一个企业经营管理的核心主张，以及由此产生的组织行为。企业文化就是针对企业内部员工制定的一系列“游戏”规则，你要想有所发展，那么你的行为必须遵守这些规则，无论是明规则还是潜规则。若你想在职场上走得更远，“战战兢兢，如履薄冰”的海尔这一生存理念用在初入职场的新秀身上并不过分。在努力从全方面提高自己的同时，充分认识到自己要扮演的角色和应有的态度与行为，记住“千万别当那个倒霉的孩子”。

那些在各自领域取得成功或获得胜利的人，无不是强者和智者，在深思熟虑的基础上，不断摸索和尝试，找准了自己的位置，持之以恒地为之奋斗下去，最终达到令人称赞的光辉顶点。个人主义、唯意志论是你成长的绊脚石。在职场里，要想好好生存、走得更远，就必须不断地进行探索，找到真正属于自己的位置，放弃那些不切实际的想法，远离虚无缥缈的诱惑。

众所周知，通货膨胀是人们财富日益萎缩的“头号帮凶”。20年前的“万元户”，若按活期存款在银行存到现在，剩下的钱估计还不到一个三口之家一个月的开销。“守财奴”的时代早已过去，理财才是应对现有的变化和以后的压力的主要方式。一旦养成善于理财的习惯，让钱生钱，你就像谋取了第二职业一样。并且，科学理财不但能让你的生活质量提高，还能增强你和家庭抵御意外风险的能力。

向管理者迈进，你必须努力让自己具备多项优秀的素质。看过《亮剑》的人，往往会被李云龙一往无前的勇气所折服，然而他的指挥仅仅只是战术级的。在军校里，李云龙反复念叨的那句“自古不谋万世者，不足谋一时；不谋全局者，不足谋一域”，则让这个在日本人眼中“狡猾狡猾的”军人，上升到了战略级指挥官的级别。职场中，你不光是要被你的上司管理，同样，你还要管理好你的上司。并且，你还不能让你的上司有“被管理”的感觉。乔布斯的管理风格最为著名的一条是：潜力是被逼出来的。“你如果不逼自己一把，那么你就永远不知道自己有多优秀。”

第一章　习惯，还是习惯

一、解读“习惯”

记得上高中的时候，班主任引用美国某位作家的话说：“播种行为，收获习惯；播种习惯，收获性格；播种性格，收获命运。”性格决定命运，已经被无数人所证明。而形成性格要靠习惯，即长期形成的思维方式、处世态度等。由此可见，习惯是由一再重复的思想行为形成的，具有很强的惯性。

一般情况下，习惯并不是天生的，可以在有目的、有计划的训练中形成，也可以在无意识状态中形成，比如父母的言传身教、朋友的影响等。但是，良好的习惯必须在有意识的训练中形成，不允许也不可能在无意识中自发地形成，这是好习惯与坏习惯的根本区别。某位哲学家曾说过：“首先，我们培养习惯；然后，习惯塑造我们。”

“万事开头难”，“好的开始是成功的一半”。培养习惯也一样。若决定要培养一个良好的习惯，那么，认真地对待前几天的培养十分重要。根据美国科学家的一项研究，一个好习惯的养成大概需要 21 天，经过 90 天的重复会形成稳定的习惯。好习惯一旦养成，它将让你受益终生。

二、如何培养好习惯

要培养一个好习惯，需要按照一系列的步骤来进行。不能今天看着这个习惯不错，就下决心要培养；明天看到别人的那个习惯也好，也要进行培养。一般来说，培养好习惯的步骤不外乎以下四个：

一是必须明白要培养的习惯的重要性。因为只有明白了它的重要性，才会有产生培养这个习惯的强烈愿望，才会时刻督促自己按照计划进行。“常立志不如立长志”，这句话用在培养习惯上，十分贴切。

二是对所培养的习惯进行必要性、可行性的分析。从某种意义来说，克服一个坏习惯、培养一个好习惯是相当艰难的，但对一个人的成长来说又是十分必要的。因此，在培养习惯前的必要性、可行性分析是很必要的，建立在理智和科学基础上的决策，往往不容易轻易改变。而盲目拍脑门儿决定的事情，常常会半途而废。

三是要培养好习惯，需要“统筹安排，个个击破”。人的习惯可以是工作方面的，也可以是生活方面、学习方面、健康方面、情感方面的，等等。对准备培养的习惯进行统筹安排，就可以分清主次，明确先后，然后有步骤地去培养，这样才能取得良

好的成效。值得注意的是，在开始时，对要培养的习惯的选择，一定要宁少勿多、宁简勿繁、宁易勿难。在完成了几个良好习惯的培养后，就可以初步掌握培养习惯的方法了，然后循序渐进、由易入难，对看准的良好习惯逐个进行培养。

四是培养习惯的关键时间是前一周，重在一个月。当我们下决心要培养一个好习惯之后，成功的关键在于前一周，认真坚持一个月的时间，习惯自然成。“三天打鱼，两天晒网”是培养习惯的最大禁忌。

三、初入职场，成功必备的十一个好习惯

对于刚刚从学校中走出来、初入职场的新秀们来说，社会这个大家庭虽然不陌生，但完全投身于其中，一开始仍会让不少人手忙脚乱，一时难以摆脱“学生气”。也曾有不少的名牌大学优秀毕业生，踏入职场以后，多年延续在学校时的思维和做事方法，不注重职场习惯的培养，以至于看着很多能力不如自己的同事多次获得职位和待遇的提升，而自己却一直在基层工作岗位默默无闻地独自努力着。

我们首先来看一则寓言故事：

一位富豪由于没有继承人，遵照他的遗嘱，在他死后其遗产的一大部分要赠送给他远房的一位亲戚。让人诧异的是，他的这位亲戚是一个常年靠乞讨为生的乞丐。因此，这

名乞丐即将接受遗产，摇身一变，马上就成了百万富翁了。一个新闻记者闻讯后，便来采访了这个幸运的乞丐：“继承了遗产之后，你想做的第一件事是什么？”乞丐回答说：“我要买一个好点儿的碗和一根结实的木棍，这样我以后出去讨饭时更气派一些，也就不怕那些豪宅大院里的大狗了。”

可见，习惯对人的思维、态度、行为方式有着巨大的影响。习惯是一贯的，在不知不觉中，经年累月地影响着人们的行为，左右着人们的成败。

让我们再来看著名的猴子和香蕉的实验：

科学家把5只猴子关在一个笼子里，笼子的上头悬挂着一串香蕉。实验人员装了一个自动装置，若有猴子去拿香蕉，马上就会有热水喷向笼子，这5只猴子全会因被淋而烫伤。一开始有只猴子想去拿香蕉，水柱立即喷了出来，每只猴子都被喷了一身。所有的猴子都尝试过了，结果都是这样。于是猴子们再也没有去拿香蕉的企图了。几天后，实验人员把其中的一只猴子抓出来，换了一只新猴子。这只猴子看到香蕉后想去拿，结果其他4只旧猴子马上拦阻了它，因为它们认为新猴子拿香蕉会害得自己被烫伤。新猴子尝试了几次，结果被那几只猴子打得全身是伤。又过了几天，实验人员又把一只旧猴子抓出来，换上另外一只新猴子。和前一只猴子一样，它也想去拿香蕉，结果其他4只猴子围上来把它揍了一顿，其中上次来的那只猴子打得最有力。新猴子试

了几次，结果总是被惨揍一顿，只好作罢。最后所有的旧猴子都被陆续抓出来，换成了新猴子，但是没有哪一只猴子敢动那香蕉，因为只要拿香蕉就会被揍，至于为什么它们都不知道。

人类之于环境也是如此。行为习惯的形成有时候让自己都莫名其妙，只知道要那样做，却不知道为什么。人类在适应外界大环境中，又创造出适合自己的小环境（或者称为“圈子”），然后用习惯把自己困在所创造的环境中。这也可以解释为什么父母子女之间、孪生兄弟姐妹之间，不仅在外貌形态、生理心理上惟妙惟肖，在动作姿态、寿命长短、对相同刺激作出同样或类似反应等行为方面，也十分相似。日常影响的作用十分显著，甚至可以解释为什么没有血缘关系的夫妻，随着时间的流逝，彼此会越长越像。

习惯决定着你的活动空间的大小，也决定着你的成败。对于职场新秀们来说，养成好的职场习惯，对于你们的成功非常重要，尤其是要在 30 岁以前养成一些良好的职场习惯，因为它们将决定并影响着你们的一生。

1. 敬业、乐业的好习惯

《尚书·周书》中有云：“功崇惟志，业广惟勤”。意思是：取得伟大的功业，是由于有伟大的志向；完成伟大的功业，在于辛勤不懈地工作。跟以往大学毕业后工作由国家包分配不同，现在的大学毕业生基本都是自主寻找就业岗位。但无论在什么工作岗位，敬业是对渴望成功者的基本要求。一个不敬业的人很难在他所从事的工作中做出成绩。下面我们来看一则敬业的小故事：

有位外科护士首次参与外科手术，在这次腹部手术中负责清点所用的医疗器具和材料。在手术就要结束时，这位护士对医生说："你只取出了11个棉球，而刚才我们用了12个，我们得找出余下的那一个。"医生却说："我已经把棉球全部取出来了。现在，我们来把切口缝好。"那位新护士坚决反对："医生，你不能这样做，请为病人着想。"医生眼里顿时闪出钦佩的光彩："你是一名合格的护士！你通过了这次特别的考试。"原来，精明的医生把第12个棉球踩在了自己的脚下，当他看到新来的护士如此认真时，他高兴地抬起了脚，露出了那第12个棉球。

小护士的敬业赢得了医生的认可，一方面取决于她的专业知识，另一方面还是由于她对工作的认真和坚持。梁启超说过："凡职业都具有趣味的，只要你肯干下去，趣味自然会发生。"因此，做工作切忌粗心大意、马虎了事、心浮气躁。只要有恒心、细心和毅力，你就一定能够到达成功的彼岸！

具体来说，敬业的基本要求是：有巩固的专业知识和思想，热爱本职工作，能做到忠于职守、持之以恒；有强烈的事业心，尽职尽责；有勤勉的工作态度，脚踏实地，无怨无悔；有旺盛的进取意识，不断创新，精益求精；有无私的奉献精神，公而忘私，忘我工作。

敬业是指对工作的责任心，而乐业就是要有趣味地去工作，即不仅乐意去做某件事，而且还要从中领悟出趣味来。初入职场，一般从事的可能是一些基础性的工作，经常性的加班、熬夜等可能常有的事情，工作辛苦、任务繁重等把人压得喘不过气来，何谈乐业呢？

居里夫人以青春、信念直至生命获取科学王国的桂冠，她却谦逊地把自己比作织茧的蚕："我注视着我的女儿们所养的蚕结着茧子，这使我感兴趣。望着这些蚕执着地、勤奋地工作着，我感到我和它们非常相似。像它们一样，我总是耐心地集中在一个目标上。我之所以如此，或许是因为某种力量在鞭策着我——正如蚕被鞭策着去结茧一般。"她以蚕自比，形象地表现了自己在科学研究的过程中执着、勤奋的工作态度，也含蓄地道出了作为一名科学研究者要取得成功，就必须有敬业乐业、持之以恒的精神。

梁启超说："凡职业都是有趣味的，只要你肯继续做下去，趣味自然会发生。"孔子说："知之者不如好之者，好之者不如乐之者。"人生只有能从自己职业中领略出趣味，生活才有价值。初入职场，要在工作的发展中领略乐趣，在奋斗中感知乐趣，在与同事、同行的竞争中体味乐趣，在对工作的专注中享受乐趣。

在日常工作中，努力培养自己敬业、乐业的好习惯，并持之以恒、一如既往地坚持下去。要相信"付出总会有回报"，量变到质变需要一个积累的过程，等你在自己的领域取得了成功，不妨回头看一下：原来成功竟然这么简单！

2. 积极思维的好习惯

所罗门说：“他心怎样思量，他的为人就是怎样。”即人们相信会有什么结果，就可能有什么结果，人不能取得他自己并不追求的成就。苏埃尔·皮科克说：“成功人士始终用最积极的思考，积极主动地认识自我，用最乐观的精神和最辉煌的经验支配和控制自己的人生。”

有位秀才第三次进京赶考，住在一个经常住的店里。考试前两天他做了三个梦：第一个梦是梦到自己在墙上种白菜；第二个梦是下雨天，他戴了斗笠还打着雨伞；第三个梦是梦到跟心爱的表妹脱光了衣服躺在一起，但是背靠着背。临考之际做此梦，似乎有些深意，秀才第二天去找算命的解梦。算命的一听，连拍大腿说：“你还是回家吧。你想想，高墙上种菜不是白费劲吗？戴斗笠打雨伞不是多此一举吗？跟表妹脱光了衣服躺在一张床上，却背靠背，不是没戏吗？”秀才一听，心灰意懒，回店收拾包裹准备回家。店老板非常奇怪，问：“不是明天才考试吗？今天怎么就打道回府了？”秀才如此这般说了一番，店老板乐了：“唉，我也会解梦的。我倒觉得，你这次一定能考中。你想想，墙上种菜不是高种吗？戴斗笠打雨伞不是双保险吗？跟你表妹脱光了背靠背躺在床上，不是说明你翻身的时候就要到了吗？”秀才一听，

更有道理，于是精神振奋地参加考试，居然中了个探花。

上面故事中的秀才若听信算命的话不参加考试而打道回府，功名肯定与他无缘，但店老板的话让他调整了心态，用积极的态度去应对考试，最终取得了成功。我们常说“一个人最大的敌人是他自己”，因为事物本身并不影响人，人们只受到自己对事物看法的影响，所以要想成功就必须改变被动的思维习惯，要相信正能量，养成积极的思维习惯。

怎样才算养成了积极思维的习惯呢？当你面对具体的工作和任务时，你的大脑里去掉了“不可能”三个字，取而代之的是“我怎样才能”时，就可以说你养成了积极思维的习惯了。

3. 不断学习的好习惯

从学校毕业到初入职场，很多人会这样想：“既然学生的主要任务是学习，而我们已经毕业了，是否可以暂时不用学习了？”这肯定是不对的。因为世界上没有一本万利的知识，不论你是什么年龄，学习都同样重要。“万般皆下品，唯有读书高”的年代早已过去，当今社会的竞争，已经从人才竞争转向学习能力的竞争。

初入职场的新秀们，都应该树立终身学习的理念，并做到在学习中工作，在工作中学习，从而真正实现自我完善、自我超越。因此，只有养成不断学习的好习惯，才能保证你紧跟时代的步伐，不断提高自己的核心竞争力。并且，在学习面前，永远没有“晚”这个概念，“活到老，学到老”是必须秉承的理念。

晋平公是春秋末期晋国的君主。他晚年的时候想学一些知识，可是总觉得自己已经老了。有一天，他向乐师师旷求教说：“我现在已经70多岁了，很想学些知识，恐怕太晚了吧？”师旷回答：“晚了，为什么不点蜡烛呢？”晋平公没有听懂他的话，生气地说：“哪有为臣的这样戏弄君王的！”师旷解释：“我怎么敢跟您开玩笑！我曾听人说过：少年时爱好学习，就像日出的光芒；壮年时爱好学习，就像太阳升到天空时那样明亮；到老年时还能爱好学习，就像点燃蜡烛发出的光亮。蜡烛的亮光虽然微弱，但同没有烛光在昏暗中愚昧地行动相比较，哪一个更好一些呢？”晋平公听了，恍然大悟，说：“你说得真好！我明白了。”

孟子说：生于忧患，死于安乐。在当前这个信息社会，竞争无处不在。上岗证、资格证等是入门必备，驾驶证、外语证、计算机证等也是职场所必需。通过学习，可以从各方面不断提高自己。然而，走出校门后的学习，与学校中的系统学习有很大的不同。这时的学习是一个搜索、选择、定位的过程，不光是某一门课程的学习，而是对自己工作有帮助的内容进行全方位、全角度、全过程的学习。通过有目的的学习，找到自己在某些方面的“短板”和差距，在比较中认识差距，在比较中正确鉴别，从而激发努力改变现状和提高自己的强烈愿望和不竭动力。

一般来说，在职的学习，有三层境界：

首先，要认识到在职学习的路是漫长的，必须做好充分的思想准备。如果做不到持之以恒、不达目的不罢休，还不如不要开始。否则，既浪费时间又浪费金钱，还有可能打击自己对在职学习的信心。

其次，在学习的过程中，由于时间、精力等所限，可能会屡遭挫折，但都要“不抛弃、不放弃”，屡败屡战。随着年龄的增长，考虑的事情会越来越多，人的注意力、记忆力可能会有所减退，但观察力、思考力、理解力、表达力等可能会逐步增长，坚定的学习目的和充分利用工作以外的碎片化时间是在职学习成功的必备因素。

最后，在克服了在职学习的诸多困难之后，你会发现，那些苦苦思考的问题，原来并不复杂，你的思路会豁然开朗。这时，学习对你来说，已不再是个难题，而是种乐趣。

智能手机和平板电脑的普及，为人们随时随地进行学习提供了更为便利的条件。但是，有位从事教育的业内资深人士说：手机、平板电脑等可以用来沟通、娱乐和获取资讯，但学习知识还是得看书，看书才是在校或上专业培训班等以外的求知的主要来源。所谓“书读百遍，其义自见”，走出校门后，想在30岁之前成功的人，每月至少需要读1本书和1本跟自己工作相关的专业杂志。

“不患位之不尊，而患德之不崇。不耻禄之不多，而耻智之不博。”初入职场的新秀们，牢牢把握走出校门后的5～8年的时间，在工作的同时抓住一切机会提高自己。“既然暂时改变不了别人，那就先改变自己”，“一步先，步步先”，等你在30岁左右小有成就时，你会更加坚信养成不断学习的好习惯对你是多么的重要！

4. 高效工作的好习惯

高效工作是初入职场的人从一开始必须养成的好习惯。以时间换效率的想法，想都不要想。没有哪个领导能容忍办事拖沓、人浮于事的员工，也没有哪个领导不喜欢阳光洒脱、干练高效的下属。

确定你的工作习惯是否有效率、是否有利于成功，可以用以下的标准来检验：在检省自己工作的时候，你是否为未完成工作而感到忧虑，即有焦灼感。如果你应该做的事情而没有做，或做而未做完，并经常为此而感到焦灼，那就证明你需要改变工作习惯，找到并养成一种高效率的工作习惯。

下面所列的方法，将有助于你进行高效工作。

(1) 保持高效，首要的是保持专注。所谓“专注”，就是集中精力、全神贯注、专心致志。一个专注的人，往往能够把自己的时间、精力和智慧凝聚到所要做的事情上，从而最大限度地发挥积极性、主动性和创造性，努力实现自己的目标。

但是，因为自己的心理集中度、外界刺激的影响，想做到保持专注并不容易。尤其是现在，微博、微信、飞信、QQ、MSN、旺旺等各种即时通信软件随着办公自动化、智能手机、平板电脑等的普及，越来越广泛地介入人们的工作和生活。过去很多地方

是靠一张报纸、一杯茶轻松打发一天，现在手段更为丰富了，想要做到专注，还真得下一番功夫。虽然很多公司规定在工作期间不准员工上网，不准上QQ，但是即使是外力作用下，工作时间里也不可能完全与电话、上网和QQ等绝缘，这样就很容易把工作时间碎片化，把自己的思路打断，从而影响工作效率和质量。

保持自己的专注力，一方面靠自己的意志力和习惯，另一方面也可以通过有效的计划安排来协助。一般来说，高效工作可以从以下几个方面进行：

1）把最重要的工作放到每天的精力充沛期里完成。通常人们在早晨9点左右精力最为充沛，工作效率最高，一定要把最重要的工作在此时完成，切忌把这一关键的时间浪费在无关紧要的事情上。那么，如何区分事情的轻重缓急呢？下面的方法或许对你有所帮助。

首先，要对自己近期要做的工作进行一个区分，一般可分为：

第一，重要而紧急的工作。这类工作的重要性高，而且需要立即行动。例如，重要客户来访、参加一次重要的商业谈判、当天要交的季度销售报告，等等。

第二，重要但不紧急的工作。例如，准备下半年的订货会、制订下一季度的销售计划、准备下周一要召开的新产品发布会等。

第三，不重要但紧急的工作。这类工作的本身重要性不高，但因为时间比较紧迫，需要赶快采取行动，如接电话、处理电子邮件。

第四，不重要也不紧急的工作。这类工作没有迫切完成的压力，而且重要性不高，如打扫桌面卫生、清理电脑系统、整理文件资料柜等。

其次，安排好这些工作的有限顺序。一定要记住：先做重要但不紧急的工作，然后是重要而紧急的工作，再就是不重要但紧急的工作，最后才是不重要也不紧急的工作。

先做重要但不紧急的工作的原因：若这类事情不先做，一不小心就被其他事情耽搁，一再延后，发现快到期限时，再作为紧急的事件处理，会非常狼狈；先做这类工作，容易产生满足感，减轻工作压力。这样会让你用20%的精力投入，换取80%的收获，并且会逐渐提升自己的自信心。这种情况你可以从身边的事情看出：在学校时可能有两种人，一种是每天学得很拼命，精神长期处在高压之下，但学习成绩并不理想；另一种是看着他们每天不怎么学习，但是学习成绩很好。因为第二种人把目光集中到重要但不紧急的事情上。

2）每天集中一两个小时来处理手头的日常工作，做到日清日毕，切忌拖延。因为这样做，可以让你工作起来事半功倍。

3）学会高效地利用碎片时间，可以用来读本书或业内杂志，或是再学一门外语，一定不要沉迷于电子游戏或者网络小说中。

4）尽量避免长时间电话。在打电话前，一定要想好要说的话和准备好相应的资料，以免让对方长时间等待或一问三不知。

5）充分利用互联网资源，提高上网搜索的效率，以节省上网查询的时间。定期整理自己浏览器的收藏夹，把经常浏览的网站分门别类，以便随时找到。

6）“好记性不如烂笔头儿。”每天记工作日记是初入职场的新秀们必须养成的好习惯。在工作日记中，重要事项页可以利用一边是不干胶的便笺纸进行标注，以便查询。另外，每日下班前在工作日记中列出次日工作的清单也十分必要，因为这样第二天早晨一来便可以全力以赴。

（2）保持高效，第二个重要事项是明确自己的工作任务和目标。俗话说：吃不穷，喝不穷，算计不到就受穷。这里说的“算计”，也就是做计划。对具体的工作，要尽量按照设定的目标，有计划地进行，这样可以提高工作效率，快速实现目标。

年轻人敢于勇往直前，相当有冲劲。但在工作任务重压之下，很多人会经常产生一种焦虑感，除了担心任务何时能够做完外，还可能担心任务完成后会有这样子或者那样子的问题。焦虑感的产生一方面是工作经验或技术水平的问题，另一方面更多的是自己对工作掌控力的问题。

焦虑往往来源于对未知的恐惧，但是，如果你知道完成一项任务需要做完哪些事情，能够细化达到目标应该做的事情，焦虑感会大大降低，工作也会更加有成效。善于理顺和总结自己每天的工作任务，在完成后适当地奖励自己，是非常有成就感的事情。

（3）保持高效，第三点是要重视沟通。说到沟通，我们先来看一则故事：

《圣经·旧约·创世纪》中记载，大洪水劫后，天上出现了第一道彩虹，上帝走过来说："我把彩虹放在云彩中，这就可做我与大地立约的记号，我使云彩遮盖大地的时候，必有虹现在云彩中，我便纪念我与你们和各样有血肉的活物所立的约；水就不再泛滥，不再毁坏一切有血肉的活物了。"上帝以彩虹与地上的人们定下约定，不再用大洪水毁灭大地。此后，天下人都讲一样的语言，都有一样的口音。人们在底格里斯河和幼发拉底河之间，发现了一块异常肥沃的土地，于是就在那里定居下来，修起城池，建造起了繁华的巴比伦城。后来，他们的日子越过越好。人们为自己的业绩感到骄傲，同时也担心洪水再次毁灭世界，便决定在巴比伦修一座通天的高塔，来传颂自己的赫赫威名，并作为集合全天下弟兄的标记，以免分散。因为大家语言相通，同心协力，阶梯式的通天塔修建得非常顺利，很快就高耸入云。上帝得知此事，发觉自己的誓言受到了怀疑，上帝不允许人类怀疑自己的誓言，就像我们不喜欢别人怀疑自己那样。上帝决定惩罚这些忘记约定的人们，就像惩罚偷吃了禁果的亚当和夏娃一样。他悄悄地离开天国来到人间，改变并区别开了人类的语言，使他们因为语言不通而分散在各处，于是那座塔就半途而废了。人们各自说起不同的语言，感情无法交流，思想很难统一，就难免出现互相猜疑，各执己见，争吵斗殴。

这就是人类之间误解的开始。

这则故事告诉我们，一个团队如果沟通出现问题，进展顺利的事情也会半途而废。同样，作为团队中的个体，缺乏与其他人的沟通，个人也难以获得更大的发展。在实际工作中，沟通需越快越好，越早越好，如果等你完成了任务，进行确认的时候，才发现目标不一致，这个时候就得不偿失了。

有效沟通的重要技巧之一，就是不仅要了解“是什么”“都有谁”，而且要了解“为什么”，并且还要考虑“怎么做”和“何时完成”。例如，领导让你对上一季度的销售情况进行总结，可能产生的问题就很多：都要分析哪些产品？需要考核的业务员都有哪些？考核的指标都是什么？现有 ERP 系统能否导出所有需要的数据？进行数据分析需要用什么软件？分析结果用图示还是用表格展现？做 PPT 都需要哪些模板？这些都是在拿到这个任务时候，需要跟领导和相关部门人员等进行沟通的问题。

有效沟通的重要技巧之二，当你同时接到好几个任务的时候，一定要分清任务的优先级，然后依据任务的重要性、紧迫性去安排时间。上文已有阐述，这里不再赘述。

沟通能力是初入职场的新秀们必须注重培养的重要内容。实际上，员工之间的沟通不一定局限于工作上的交流与配合，很多时候工作时间之外的沟通往往能为今后工作的开展提供润滑剂。同时，沟通能让一个团队更加团结，拥有更强的凝聚力。有人曾经问过他所在部门中的一些年轻员工这样一个问题：“在多大的工资差别内，你不会跳槽离开现在的这个岗位？”他的员工是这样回答的：“如果这个团队是团结的、透明的，而且同事关系融洽，我们会很愿意留在这里；如果对方只是开出比现在高20%～30%的工资，我们不会考虑跳槽。”

从总体上看，伴随着社会的发展过程，沟通的情境也在实现从多维（迂回的、微妙的）到一维（个人化的、切中要旨的）的转变。因此，追求效率是现代企业的重要特征，沟通的顺畅是所有管理者的期望，要想达到这一目的，必须高度重视沟通，因为有效的沟通，能够使企业内部的每一项工作都能和谐顺畅，这对提高企业管理效率、适应市场变化和激烈的竞争具有十分重要的意义。

5. 谦虚、豁达的好习惯

为人要谦虚谨慎，做事要豁达大度。一个人没有理由不谦虚。谦虚的人，因为看得透，所以不躁；因为想得远，所以不妄；因为站得高，所以不傲；因为行得正，所以不惧。

豁达是指心胸开阔，性格开朗，能容人容事。豁达大度者，在顺境时，抓住机遇，扬起生命的风帆，努力划动双桨，驶向胜利的彼岸；在逆境时，坚定信心，正视现实，透过苦难的雾霾，窥见胜利的曙光，不灰心、不气馁，更加勤奋工作，用心血编织欢乐的花环。

有着较为出色的教育背景确实令某些人骄傲甚至高傲，但出色的教育背景并不能代表全部，有并不代表成功，没有也并

不意味着总是失败。谦虚有很多种，真正的谦虚，不是谁都有资格享有的。胸无大志的人，即使极诚恳地说："我这人没志向。"这不叫谦虚，只能叫坦率，这种坦率有时让人觉得是在叹息。毫无才学的人，即使极认真地说："我这人没什么本事。"这不叫谦虚，只能叫实在，这种实在有时让人觉得是在自责。主席台上，正式发言之前来一句："我水平有限。"这不叫谦虚，只能叫客套，这种客套给人感觉是一种身份的炫耀。辩论场上，笑应对手一句："我的意见可能不太成熟。"这不叫谦虚，只能叫挑战，这种挑战是一种以退为进的宣示。机遇面前犹豫不决、左右为难地嗫嚅："我不知道该怎么办。"这不叫谦虚，只能叫哀鸣，这种哀鸣除了显示无能为力外，便是在患得患失间不知所措。困境之中难做决断，跌倒后爬起来乱了方寸："看来我是真的顶不住了。"这不叫谦虚，只能叫无奈，这种无奈表明了穷途末路的到来。

牛顿每当在科学上获得伟大成就时，从不沾沾自喜，自以为很了不起，急忙出版著作，以扬名于世。当牛顿费尽心血算出"万有引力定律"后，没有急于发表，而是继续孜孜不倦地深思了数年，研究了数年，埋头于数字计算之中，从未对任何人讲过一句。曾经有人问牛顿："你获得成功的秘诀是什么？"牛顿回答说："假如我有一点微小成就的话，没有其他秘诀，唯有勤奋而已。"他又说："假如我看得远些，那是因为我站在巨人们的肩上。"

豁达是一种大度和宽容，是一种品格和美德，是一种乐观的豪爽，是一种博大的胸怀、洒脱的态度，也是人生中最高的境界之一。豁达的人，能屈能伸，知进知退，经得起挫折失败；豁达的人，不计较一城一地的得失，得之淡然，失之泰然，故能成大事；豁达的人，心胸开阔，处事乐观，不以物喜，不以己悲，即使到了山穷水尽处，也能眺见柳暗花明。

北京大学前校长马寅初，曾因其“新人口论”获罪，终被革职。据记载，当他的儿子将被革职一事告诉他时，他只是漫不经心地“噢”了一声。数十年后拨乱反正，仍是他儿子告诉他平反的喜讯，马老也只是轻轻地“噢”了一声。一种宠辱不惊的心态跃然纸上，所以能如此哉，豁达大度耳！曾任美国总统的富兰克林·罗斯福家中失盗，被偷去很多东西。他的朋友写信安慰他。罗斯福回信说：“谢谢你来信安慰我，我现在很平安。因为：第一，贼偷去的是我的东西，而没有伤害我的生命；第二，贼偷去我部分东西，而不是全部；第三，最值得庆幸的是，做贼的是他，而不是我。”改革开放初期曾主政南粤并开启思想解放闸门的任仲夷，在几十年革命生涯中，积劳成疾，晚年病魔一个个不可抗拒地袭来，但任老善悟人生，始终保持乐观幽默的心态，耄耋之年仍不失生命活力。当一目失明，仅一目可视时，他自嘲“一目了然”。后又一耳失聪，仅一耳可听时，他自嘲“偏听不偏信”。因患胆结石而将胆切除时，他自嘲为“我浑身是

胆”。胃部患癌，动手术切去大半时，他又自嘲为“我无所畏（胃）惧”。任老享年91岁，这和他晚年对待病魔的豁达心态不无关系。

6. 注重身心健康的好习惯

众所周知，感冒是很常见的疾病，但患上感冒不但会影响工作效率，还有可能引发多种并发症，尤其是对免疫力较为低下的人群。美国一项最新调查显示，只要经常锻炼身体，不仅可以降低患感冒的频率，并且即使得了感冒，严重程度也会比锻炼少的人轻得多。

美国阿帕拉契亚州立大学研究人员在《英国运动医学杂志》网络版上报告说，他们在2008年秋冬季节对1000名不同年龄段的成年人进行了为期12周的跟踪调查。结果发现，不论是年轻人还是中老年人，经常锻炼身体的人感冒的频率和严重程度都要比锻炼少的人低得多。调查发现，通常秋季时每人感冒的天数平均为8天，冬季时平均为13天。此外，与那些每周只锻炼一天甚至不锻炼的人相比，每周锻炼5天以上的人感冒天数要少46%。调查还发现，经常锻炼身体的人即便患了感冒，严重程度也要比不常锻炼的人轻30%～40%。研究人员说，尽管患感冒还受到其他因素的影响，如感冒病毒的种类、患者的年龄和性别等，但健康状况和锻炼程度是最重要的影响因素。这是因为，锻炼时会激发体内免疫细胞，使其活跃，从而增强身体对外来病毒和细菌的抵御能力。

如果你想成就一番事业，实现自己的人生价值，那你就必须拥有一个健康的身体。而要想身体健康，首先要有保健意识。

保健意识的培养，要做到以下三点：

（1）要有生命第一、健康第一的意识。有了这种意识，你就会善待自己的身体和保持健康的心理状态，而不会随意糟蹋自己的身体。例如，经常暴饮暴食，喜欢熬夜甚至通宵玩游戏，过于依赖烟酒等的刺激，长期是坐到办公桌前三四个小时不活动，性生活过于频繁，等等，都不属于拥有珍惜生命、热爱健康的意识。

（2）要注意掌握一些相关的知识。例如，锻炼身体的时间：一般来说，5：00～7：00 和 13：00～14：00，人的身体处于相对低迷状态，进行身体锻炼时容易产生疲劳；从 16：00 到睡觉前，人的身体活动机能会达到一个相对旺盛的阶段，这时候人体内各种器官和肌肉的温度最高，而且关节的灵活性也处在最好的状态。当人体温度升高时，人们就会产生强烈的运动欲望。而这时锻炼行动也会更加自觉、更加努力，从而收到更好的锻炼效果。

（3）要使自己有一个对身体应变机制。例如，每年至少要去医院或专门的体检机构做一次身体的全面检查；当身体觉得有不适的地方时，应及早去医院，切忌产生“小病靠抗，大病靠养，

不到万不得已肯定不去医院”的心理；在有条件的情况下，可以请一个保健医生或心理医生，给自己的身心健康提出忠告。

在重视保健意识的培养之后，要将锻炼身体付诸行动。失眠、头晕、抑郁症、鼠标手、腰椎病、青光眼、慢性胃病、痔疮、咽炎、“三高”等是上班族比较常见的疾病，进行身体锻炼既要针对特定工作姿势所能引发的相应疾病有目的地进行，以预防和治疗相应的疾病。并且，从心理方面来说，进行身体锻炼，还有助于改变个人的形象，提升个人自信心；建立人际关系，进行不同活动，接触不同的人，提高自己的交际能力；获取成功感，如发挥自己的运动长项来赢取奖项……进行身体锻炼，除了针对上班族常见的疾病进行预防外，更重要的是把锻炼身体当作一种乐趣，养成经常锻炼身体的好习惯。

一般来说，上班族每周必须有一定的身体锻炼时间，每次以30～60分钟为宜，主要项目可采取慢走、长跑、各项球类运动，以及根据自身特点选择田径或体操运动，或者在节假日等和亲朋好友一起去郊游、爬山、游泳等。最好工作之余，出去进行一下室外运动，或工作间歇时做一些室内的徒手体操。

另外，注意饮食结构，合理膳食，以及注意养成好的卫生习惯等，都是养成注重身心健康习惯的组成部分。并且，一个人真正的能力，还应该包括抑制欲望、全力投入工作的克己心在内。因为不管你有多大的能力，若不能战胜自己一味贪图安逸、追求享乐之心，不肯努力奋斗，则不能发挥你的天赋之才，更无从谈及个人愿望、梦想、价值的实现了。

总之，身心健康是“革命”的本钱，是成功的保证。更为直观地说，身心健康成就自己。

7. 善于管理自己情绪的好习惯

人生不如意事十之八九。进入职场，可能会面临着各种各样的烦恼：工作上杂乱的琐事，身体上偶尔的小疾，感情上的磕磕碰碰……当烦恼找上门来时，各种负面情绪可能会随着肢体语言表现出来。北宋王安石有一首诗：“风吹屋檐瓦，瓦坠破我头；我不恨此瓦，此瓦不自由。”美国独立宣言的起草人富兰克林说：“愤怒起于愚昧，终于悔恨。”这两句话，都是劝阻人们要善于管理自己的情绪，以免由于一时的冲动而对自己、他人造成不必要的伤害。

1965 年 9 月 7 日，世界台球冠军争夺赛在纽约举行。路易斯·福克斯胸有成竹，他的成绩远远领先于对手，再得几分便可登上冠军宝座。然而，正当他准备全力以赴拿下比赛时，发生了一件令他意料不到的小事：一只苍蝇落在了主球上。路易斯没有在意，挥了挥手赶走苍蝇，然后俯下身准备击球。可当他的目光落到主球上时，这只可恶的苍蝇又落到了主球上，几次三番，路易斯终于失去了冷静和理智，愤怒地用球杆去击打苍蝇，一不小心球杆碰动了主球，他因此失去了一轮机会。本以为败局已定的竞争对手约翰·迪瑞见状勇气大增，信心十足，连连过关；而路易斯则在极度愤怒与

焦躁情绪的驱使下，接连失利。最终约翰赶上并超过路易斯，获得了世界冠军。路易斯沮丧地离开赛场，第二天早上有人在河里发现了他的尸体。他投河自杀了。一只小小的苍蝇却击败了一个攻城略地的世界冠军！不仅令人扼腕长叹，更令人震惊深思。

丹尼尔·戈尔曼（Daniel Goleman）在其成名作《情绪智商》（*Emotional Intelligence*）一书中指出，情绪管理（Emotion Management）是善于掌握自我，善于调节情绪，对生活中的矛盾和事件引起的反应能适可而止地排解，能以乐观的态度、幽默的情趣及时地缓解紧张的心理状态。湖南师范大学肖汉仕教授认为，情绪管理是指用心理科学的方法有意识地调适、缓解、激发情绪，以保持适当的情绪体验与行为反应，避免或缓解不当情绪与行为反应的实践活动，包括认知调适、合理宣泄、积极防御、理智控制、及时求助等方式。

北宋文学家范仲淹在《岳阳楼记》中说：不以物喜，不以己悲。这句话的外在意思是不因外物的丰富、富有，个人的获得、拥有而骄傲和狂喜；也不因为外物的丢失、损坏，个人的失意潦倒而悲伤。内在含义是指无论面对失败还是成功，都要保持一种恒定淡然的心态，不因一时的成功和失败而妄自菲薄，无论何时都保持一种豁达淡然的心态。不因外界的好事而兴高采烈，也不因为自己的不幸遭遇而垂头丧气，坚持自己的原则不受外界的影响。其实，我们回头想一想，那些曾经让我们欣喜若狂、恨之入骨的事物或者人，现在看来，也不过是一些不值一晒的小事和普通人。

在现在的社会，初入职场的新秀们面临的诱惑、压力会越来越多，如果缺乏对情绪的管理能力，那么就会被它们牵着鼻子走，偏离成功的轨道。

8. 经常表现出幽默的好习惯

俄国文学家契诃夫说过：“不懂得开玩笑的人，是没有希望的人。”德国作家拉布讷说过：“幽默是生活波涛中的救生圈。”幽默不仅能够让人用自身的机智、自嘲、调侃和风趣给他人带来欢乐，而且有助于消除敌意，缓解摩擦，防止矛盾升级。幽默还能激励士气，提高生产效率。美国科罗拉多州的一家公司通过调查证实，参加过幽默训练的中层主管，在 9 个月内生产量提高了 15%，而病假次数则减少了一半。可见，在工作和生活中，学会并时刻保持幽默是十分必要的。

从心理学的角度看，幽默是一种心理防御机制，不仅能够减轻人们的心理压力，还可以防止或消除紧张的人际关系，创造和谐气氛。并且，幽默可以淡化一个人的消极情绪，消除沮丧与痛苦。具有幽默感的人，生活充满情趣，许多看来令人痛苦烦恼之事，他们却应付得轻松自如。那么，怎样培养幽默感呢？

（1）在日常工作和生活中，要心中充满爱，机智而又敏捷地指出别人的缺点或优点，在微笑中加以肯定或否定。幽默不是油腔滑调，也非嘲笑或讽刺。若心中没有爱，想要用幽默的方式表

达自己的看法，那就是只有技巧而无感情，很难得到别人的认同。

（2）学而不厌，注重知识的积累。幽默是智慧的火花，而智慧又以知识为基础，没有知识也就谈不上幽默。要想养成良好的幽默习惯，就必须虚心好学，学而不厌，注重知识的积累。幽默素质的养成并不是可望而不可即的，只要肯于学习、勤于思考、勇于实践，每个人都能建立起自己的幽默素质结构。

（3）善于模仿，不断创新。国内外著名的书法家、画家、音乐家等无一不是从模仿开始的。学习幽默之初的积极模仿是必要的，但在模仿的基础上一定要不断创新。在模仿阶段，对良好的幽默要有鉴赏力，并且还要适合自己的个人条件，要灵活运用所学到的幽默技巧和方法，既不拘一格，又博采众长。

（4）培养深刻的洞察力，提高观察事物的能力，培养机智、敏捷的能力。只有迅速地捕捉事物的本质，以恰当的比喻、诙谐的语言或动作表达出来，才能使人们轻松接受。当然，在幽默的同时，还应注意：不能违背重大的原则，防止过犹不及；不同问题要不同对待，做到幽默而不俗套。

9. 时刻保持微笑的好习惯

古人云："笑福开来。"古龙老先生说："爱笑的女孩儿，运气不会太差。"美国作家奥格·曼迪诺在《我要笑遍世界》中说："只要我能笑，就永远不会贫穷；我每天的成功来自用自己的微笑换取他人的微笑。"

美国加州一位6岁的小女孩，在一次偶然的机会中，遇到一个陌生的路人，陌生人一下子给了她4万美元的现款。一个女孩突然得到这么大金额的馈赠，消息一传出，整个加州都为之疯狂骚动起来。记者纷纷找上门，访问这个小女孩："小妹妹，你在路上遇到的那位陌生人，你真不认识他吗？他是你的一位远房亲戚吗？他为什么给你那么多钱？4万美元，那是一笔很大的数目啊！那位把钱给你的先生，他是不是脑子有问题……"小女孩露出甜美的微笑，回答说："不，我不认识他，他也不是我的什么远房亲戚，我想……他脑子应该也没有问题！为什么给我这么多钱，我也不知道啊……"尽管记者用尽一切方法追问，仍然无法探个究竟。这位小女孩努力地想了又想，约摸过了十分钟，她若有所悟地告诉父亲："就在那一天，我刚好在外面玩，在路上碰到那个人，当时我对他笑了笑，就只是这样啊！"父亲接着问："那么，对方有没有说什么话呢？"小女孩想了想，答道："他好像说了句'你天使般的微笑，化解了我多年的苦闷！'爸爸，什么是苦闷啊？"原来那个路人是一个富豪，一个不是很快乐的有钱人。他脸上的表情一直是非常冷酷而严肃的，整个小镇没有人敢对他笑。他偶然遇到这个小女孩，对他露出了真诚的微笑，使他心中不自觉地温暖了起来，让他尘封了不知多少年的心扉打开了。于是，富豪决定给予小女孩4万美元，这是他对那时候他所拥有的那种感觉定出的价格。

微笑是一个人最好的名片，也是社交的通行证。微笑能给自己一份信心，也能拉近与他人的距离，从而能更好地激发自身的潜能，在沟通时起到意想不到的效果。时刻保持微笑，对于职场新秀来说，是迈向成功不可或缺的技巧。

微笑是对工作、生活的一种态度，跟贫富、地位、处境没有必然的联系。微笑是对他人的尊重，也是展现自我的方法。只有心里有阳光的人，才能感受到现实的阳光。微笑要发自内心，不卑不亢，既不是对弱者的愚弄，也不是对强者的奉承。微笑是没有目的的，无论是对上司，还是对门卫，笑容都应该是一样的。

在受到别人的误解或其他自认为不公平的待遇后，可以选择“以眼还眼以牙还牙”，也可以选择微笑，但微笑的力量会更大，因为微笑会震撼对方的心灵，显露出来的豁达气度会让对方自惭形秽。对于那些无理取闹、蓄意诋毁的人，给他一个微笑，时间会证明你将笑到最后。

微笑是一种修养，并且是一种很重要的修养，微笑的实质是亲切，是鼓励，是温馨。真正能够时刻保持微笑的人，总是容易获得比别人更多的机会。

10. 学会并善于倾听的好习惯

上帝给了我们两只耳朵，但只给了一张嘴，其实就是要我们多听少说。美国著名作家海明威说：“我们花了两年学会说话，却要花上六十年来学会闭嘴。”学会倾听，善于倾听，对初入职场的新秀们来说，也是必须学习和掌握的一个好习惯。

古时候，曾经有个小国使者到中国来，进贡了三个一模一样的金人，金碧辉煌，把皇帝高兴坏了。可是这小国不厚道，同时出一道题目：这三个金人哪个最有价值？皇帝想了许多的办法，请来珠宝匠检查，称重量，看做工，都是一模一样的。怎么办？使者还等着回去汇报呢。泱泱大国，不会连这个小事都不懂吧？最后，有一位退位的老大臣说他有办法。皇帝将使者请到大殿，老臣胸有成竹地拿着三根稻草，插入第一个金人的耳朵里，这稻草从另一边耳朵出来了；第二个金人的稻草从嘴巴里直接掉出来；而第三个金人，稻草进去后掉进了肚子，什么响动也没有。老臣说：第三个金人最有价值！使者默默无语，答案正确。

倾听是一门技巧，也是一门艺术。倾听需要专心，每个人都可以通过耐心和练习来训练这项能力。首先，我们来看一下倾听的三个层次：

层次一：倾听者完全没有在意说话人所说的话，假装在听，其实却在考虑其他毫无关联的事情，或内心在想着如何进行辩驳。层次二：倾听者主要注意讲话人所说的字词和内容，但忽视了说话者通过语调、手势、面部表情、眼神等所表达出来的意思。层次三：倾听者在说话人所说的信息中寻找感兴趣的部分，并且认为这是获取新的、有用信息的契机。高效率的倾听者清楚自己的个人喜好和态度，能够更好地避免对说话者做出武断的评

价或是受过激言语的影响。好的倾听者不急于做出判断，而是感同身受。他们能够设身处地看待事物，更多的是询问而非辩解。

其次，要想做到学会并善于倾听，必须做到以下几点：

（1）要表示出诚意和耐心，并且要带着理解和相互尊重去进行倾听。倾听别人谈话总是会消耗时间和精力的，如果你是真的有事情不能倾听，那么你就应该很客气地直接提出来。这比你勉强去听或装着去听，而必然会表现出来的不耐烦给人留下不好的感觉要好得多。

（2）要避免先入为主。对听到的内容，一定要等说话者把意思表达完整或表达清楚，尽量不要过早地下结论。

（3）适时进行鼓励和表示理解。说话者往往希望自己的话语能够得到理解和支持，因此在谈话中加入一些简短的语言，如“对”“噢”“我明白”“是的”或者“不错”等，或点头微笑表示理解，来认同对方的陈述，鼓励谈话者继续说下去，并引起共鸣。当然，仍然要以安静聆听为主，要面向说话者，用眼睛与说话人进行沟通，或者用手势来表达理解说话者的身体辅助语言。

11. 诚实、守信的好习惯

诚实，即忠诚老实，就是忠于事物的本来面貌，不隐瞒自己的真实思想，不掩饰自己的真实感情，不说谎，不作假，不为不可告人的目的而欺瞒别人。守信，就是讲信用，讲信誉，信守承诺，忠实于自己承担的义务，答应了别人的事一定要去做。诚实、守信是为人之本，从业之要。

春秋战国时，秦国的商鞅在秦孝公的支持下主持变法。当时处于战争频繁、人心惶惶之际，为了树立威信，推进改革，商鞅下令在都城南门外立一根三丈长的木头，并当众许下诺言：谁能把这根木头搬到北门，赏金十两。围观的人不相信如此轻而易举的事能得到如此高的赏赐，结果没人肯出手一试。于是，商鞅将赏金提高到五十两。重赏之下必有勇夫，终于有人站起将木头扛到了北门。商鞅立即赏了他五十金。商鞅这一举动，在百姓心中树立起了威信，而商鞅接下来的变法就很快在秦国推广开了。新法使秦国渐渐强盛，最终统一了中国。

美国安然公司（Enron）曾是世界上最大的能源、商品和服务公司之一，2001 年年底却突然资不抵债申请破产，是美国有史以来最大一宗破产案。事情到此也就罢了，政府同意拨出巨款处理善后，公司老总们仍可过上自己富裕的生活。谁知不久便暴露出该公司一些重大欺诈行为，特别是一家享有盛誉的全美国第五大会计公司涉嫌作伪，更引起了全国范围的信用恐慌。一家曾与之签订意向协议准备将其收购的大公司（此举足可力挽狂澜于既倒），也正因为发现了其中一些猫腻而断然放弃收购。结果是公司一位副总裁自杀身亡，董事局主席等负责人面临被起诉，包括联邦政府官员在内的一大批关系人有待洗刷嫌疑。

职场中虽然处处充满了猜疑、钩心斗角、相互利用、利益至

上等现象，但诚实、守信仍然不失为一种好习惯。因为诚实、守信同样可以带来效益。只要你诚实、守信，长此以往，大家都会对你形成一种良好的印象，都愿意和你交往。

四、初入职场，必须远离的八大坏习惯

好习惯养成不易，但坏习惯往往形成于不知不觉中。与培养良好习惯相对应的，是远离坏习惯。所谓不破不立，如果不远离坏习惯，好习惯是难以建立起来的。

吕蒙是三国时期吴国将领，武艺高强，战功卓著，可是不爱读书。起初，吴主孙权对吕蒙说："你现在身居要职，要多读些书。"吕蒙说军务繁忙没有时间。孙权说："我难道是要你精通经史而成为学问渊博的学者吗？只是要你读点书，增长一点见识，开阔一些视野。你说军务繁忙，难道比我还忙吗？我常常抽时间读书，感到收获很大。"吕蒙于是开始利用空余时间读书。后来鲁肃要到陆口，路过吕蒙的辖区时，鲁肃觉得吕蒙是个大老粗，不想去见他。有人劝他说："吕将军已经今非昔比了，应该去看看他。"于是鲁肃来见吕蒙。大家喝酒喝得高兴时，吕蒙问鲁肃："现在将军重任在身，要与关羽为邻了，要怎么防备他呢？"鲁肃说："还没想过，到时候再说吧。"吕蒙说："现在吴蜀虽然结成了联盟，但关羽是虎狼之人，怎么能不早做准备呢？"于是给鲁肃筹划了 5 条计策。鲁肃非常惊奇，说："你如今的才干谋略，已不再是过去吴下的阿蒙了！"吕蒙说：

“对于有志气的人，分别了数日后，就应当擦亮眼睛重新看待他了！”

年轻时的本杰明·富兰克林有一个习惯，每天晚上都把一天的情形重新回想一遍。有一次，他发现他有13个很严重的坏习惯，下面是其中的3项：浪费时间，为小事烦恼，和别人争论冲突。聪明的富兰克林发现，除非他能够减少这一类的错误，否则不可能有什么成就。所以他一个星期选出一项缺点来搏斗，然后把每一天的输赢做成记录。在下个星期，他另外挑出一个坏习惯，准备齐全，再接下去做另一场战斗。富兰克林每个星期改掉一个坏习惯的战斗持续了两年多。他最终成为了18世纪美国最伟大的科学家和发明家，著名的政治家、外交家、哲学家、文学家和航海家，以及美国独立战争的伟大领袖。

远离坏习惯，就应该有吕蒙和富兰克林的气概和意志，彻底远离坏习惯，让好习惯引领自己走向成功。

以下这八大恶习是你必须远离的：

1. 经常性迟到

上班迟到，显然是很常见的现象，尤其是大城市交通压力大，迟到就更不可避免。爱迟到的人，总能给自己的行为找到各种理由：堵车、闹钟失灵、遗忘重要物品、睡眠不足等。无论有多么客观性的理由，对于初入职场的新秀们来说，经常性迟到是

必须远离的一个坏习惯。因为经常性迟到不但是在浪费自己的时间，更是对公司、同事不负责任的表现。对于迟到者，上司和同事的沉默往往并非默许，而是容忍。当容忍到了一定限度时，迟到者可能会得到“缺乏时间观念”“责任感差”“作风懒散”“不可靠”等有损职业形象的负面评价。一份面向约 3000 名老板、7780 名美国员工的调查显示，16% 的员工至少一周迟到一次甚至更多，有约 30% 的员工每月至少迟到一次；超过 1/3 的雇主曾辞退过一名没有按时上班的雇员。

2. 抱怨

抱怨是失败者共同的标签。当看到加薪、升职、荣誉等与自己无缘时，向同事、朋友抱怨自己遇到的不公平待遇是很多人曾经有过的经历。其实，适度的抱怨是发泄消极情绪、缓解内心压力、维持心理健康的一种手段。但是，当抱怨成了习惯，持续的抱怨会使人的情绪变得非常糟糕，看什么都不顺眼，进而在工作上敷衍了事，引起他人的不满，最终使个人的发展道路越走越窄。

荀子说：“自知者不怨人，知命者不怨天，怨人者穷，怨天者无志，失之己，反之人，岂不迂乎哉！”也就是说，有自知之明的人会自己选择自己的道路，时刻把握命运的主动权，绝不怨天尤人，而是从自己身上找问题。美国畅销书作者道格拉斯 · 勒尔顿在其著作《不抱怨的世界》中说：“优秀的人，都是不抱怨的人。他们总是会把消极的想法从自己内心中扫除殆尽，让自己的内心充满阳光、充满希望。”

下面是一则关于抱怨的小故事：某人向朋友抱怨：“活是我们干的，受到表扬的却是组长，最后的成果又都变成经理的了，不公平！”朋友微笑说：“看看你的手表，是不是先看时针，再看分针，可是运转最多的秒针你却看都不看一眼。”在职场中，如果感到不公平就要付出努力，而抱怨是没有用的。

3. 拖延

《明日歌》是对拖延最好的解释：“明日复明日，明日何其多。我生待明日，万事成蹉跎。”美国德保尔大学著名的心理学教授约瑟夫·费拉里说：“拖延与低效的时间管理无关，它是一种自我毁灭的行为，是大多数人成功之路的绊脚石。”

从心理学角度上讲，拖延的很大一个来源是“恐惧”。人们因为恐惧失败，害怕自己不能成功，所以会无意识地把事情拖到“明天”。或许明天、下星期或是下个月，事情就会有转机，或许那时候一切都会不同，自己就会如有神助般地把所有的事情都做好。当然，他们也很想发挥自己的才能，但他们却害怕自己在真正操作时做不到。拖延的另一个来源是“完美主义”。那些渴望完美的人拒绝失败，甚至拒绝瑕疵。但他们无法把未知的事情做得更好，所以他们会直到最后一刻才开始大张旗鼓地工作。“时间不够了”，是他们所能想到最放松自己的借口。它意味着：在这么短的时间内，这是我能够做到的最好成果了。

在职场中，拖延是影响工作效率最大的敌人。一旦拖延成了习惯，虽然你最终完成了工作，但拖后腿会让你在上司和其他同事的心目中留下不胜任的印象。从拖延者到行动派，下面的一些方法或许对你有帮助：

（1）每天争取比别人早 10 分钟到公司。利用这段时间来思考，你该怎样最大限度地利用这新的一天。

（2）想到的事情做好安排，明确每件事情的“最后期限”。

（3）杜绝闲聊。杜绝和同事之间在工作时间内漫无目的地聊天，提高工作效率。上班期间，用电话、QQ、MSN、微信、飞信等与别人的沟通中，不涉及与工作无关的内容。

（4）善始善终，切忌虎头蛇尾。上司交代给自己的任务和自己主动争取的事情，一旦承担下来，就要全力以赴地完成。

（5）如果你认为在工作中受到了不公平的待遇以致可能会影响任务的完成，急切地想找上司汇报，应该将事情的前因后果仔细考虑清楚，组织好语言，最好是找到自己认为有建设性的解决方案后再一起开口。

（6）向其他的成功者取经。可以是自己的同事，也可以是同行，虚心向别人请教，既要学会借鉴别人的成功，更要学会懂得他们为什么失败。

（7）如果你对某件事情充满恐惧，可能是你对它了解得还不够多。集中精力，发动一切可以发动的力量，将要解决的问题进行全面的了解。当你收集够足够的信息，并加以有效的筛选，解决问题的方法就会脱颖而出了。

（8）不要把事情当中可能出现的问题看成磨难。要知道，不断变化是事物的本质。工作中出现问题是再正常不过的事情，并不可怕，有时更为可怕的是问题一直潜伏着而难以让人发现，最终成为隐患。所以，对待在完成任务的过程中出现的问题，不要在一开始就把它扣上“消极”的帽子。

4. 传播流言

有个成语叫“众口铄金”，意思是说，如果众口一词，即使是铁打的事实，也会被扭曲。没有人喜欢流言，因为它的确有很大的杀伤力。所谓“舌头底下压死人”，“树大招风风倒树，人为高名名丧人”。

《战国策》中有一个“三人成虎”的故事：

战国时，魏国有一叫庞葱的重臣。有一年，他奉命陪世子到赵国都城邯郸做人质。出发前，庞葱对魏王说：“大王，如果有人告诉您，街市上有一只虎，您相信吗？”老虎招摇过市，魏王当然不信，便回答：“怎么可能有这种事？寡人不信！”庞葱又说：“如果又有一个人告诉您，街市上果然有一只虎，那大王信吗？”魏王想了想，说：“嗯，这就值得考虑了！”“如果再有一个人说同样的话呢？”“嗯，如果三人都这么说，那应该是真的。”听完魏王的回答，庞葱道出了说此话的真意，他说：“事实上，街上并没有老虎，只是以讹传讹而已，大王何以信之呢，是因为说的人多了。现在我与

世子，背井离乡，去远在千里之外的赵国当人质，我们在那里的情况大王无法准确了解到，说不定会传出‘市有一虎’般的谣言，大王难道要相信吗？所以为了保证世子将来能顺利回国继承大统，请大王先请三个人传言大众，说我只是离开了都城，并不是去邯郸。”魏王不以为然。庞葱陪世子去赵国做人质后不久，便有人暗中中伤庞葱，说他企图拥立世子，怀有二心，图谋不轨。说的人多了，魏王居然信以为真，命世子归国，而庞葱不再被重用。虽然庞葱事先已给魏王打了“预防针”，但也难逃“众口铄金”的命运，可见流言的破坏力之大。

每个人都可能会被别人评论，也会去评论他人，但如果津津乐道的是关于他人的流言蜚语，这种议论应当立即停止。流言起于口舌，传于口舌，止于口舌。《荀子·大略》中说：“流丸止于瓯臾，流言止于智者。”也就是说，流言常起于小人之口舌，传于常人之口舌，止于贤人之口舌。所以说，一个想要在职场中有所成就的人，一定要远离传播流言的习惯。

5. 越级报告

在学校生活中，我们对“级别”一词体会不深，班里有什么事情，可以和班长说，可以找辅导员，甚至可以直接跟系主任沟通都没有问题。但是，在职场中，你的汇报对象，一定是自己的顶头上司。

李艳是著名服装设计学院服装设计专业毕业的，思维活跃，构思新奇，每一位教过她的老师都认为她是一个很有灵性的学生，以后肯定会创作出很多高水平的作品。毕业之后，李艳经过慎重考虑，进了一家很大的服装公司。这家公司吸引她的地方，一是薪水比较高，二是设计团队强大。可是工作没多久，李艳觉得这里并不像自己原来想象的那么简单：一方面，这里的同事个个都特立独行，不喜欢沟通，搞设计时更是如此；另一方面，李艳发现她的部门主管不但专业水平差，而且人品也很差，经常借机训斥下属，对上司却奴颜媚骨。李艳想，既来之则安之，看在钱的份儿上慢慢适应吧。但是，随后发生的一件事情却让李艳再也无法忍受了。她把自己的一份设计样稿拿给主管，希望主管能提些建议。不料主管却把这份设计样稿拿给了老板，并说是他自己设计的作品。李艳知道后难忍心中怒火，直冲主管的办公室责问他。主管说："我之所以对老板说这是我的设计样稿，是因为这样说老板比较容易采纳。"李艳说："好，我就去确认一下老板是不是这么没水准的人。"从主管办公室出来后，李艳就直接去了老板办公室。老板听她说完后，笑了笑，说："我知道了，我很欣赏你的设计构思。不过，你应该学会尊重你的部门主管。"

在职场中，越级报告是必须远离的坏习惯。如果你越过你的直接上级去找他的上级，或许会弄巧反拙。记住，这个时候，你

应该蓄势待发，找机会在上级面前表现出你的能力。

6. 随大溜

羊群是一种很散乱的组织，平时在一起也是盲目地左冲右撞，但一旦有一只头羊动起来，其他的羊也会不假思索地一哄而上，全然不顾前面可能有狼或者不远处有更好的草。这就是“羊群效应”。它比喻人都有一种从众心理，从众心理很容易导致盲从，而盲从往往会陷入骗局或遭到失败。

> 一位石油大亨到天堂去参加会议，一进会议室发现已经座无虚席，没有地方落座，于是他灵机一动，喊了一声：“地狱里发现石油了！”这一喊不要紧，天堂里的石油大亨们纷纷向地狱跑去，很快，天堂里就只剩下那位后来的了。这时，这位大亨心想，大家都跑了过去，莫非地狱里真的发现石油了？于是，他也急匆匆地向地狱跑去。

在现实生活中，“羊群效应”有很好的体现。由于对信息了解不充分，人们很难对市场未来的不确定性作出合理的预期，往往是通过观察周围人群的行为而提取信息，在这种信息的不断传递中，许多人的信息将大致相同且彼此强化，从而产生的从众行为，即采用“随大溜”的做法。然而，信息的不对称性和预期的不确定性，导致了不同的人在做同一件事时的结果差异很大。例如，在一个新兴市场，第一个去做的是天才，第二个去做的是庸才，第三个去做的是蠢材，第四个去做的就要入棺材了。由此可见盲目跟随者的悲哀。

人们可以随大溜，但不可以无主见。如果你习惯性地随大溜，那你就有可能形成思维定式，没有自己的主见，或者即便有，也不敢表达自己的主见，而没有主见的人是不会成功的。

7. 推卸责任

容易犯错误是人类与生俱来的弱点。不论科技多发达，事故随时都可能会发生，而且随着我们解决问题的手段越来越多和越来越先进，所面临的麻烦就越来越严重。在实际工作中，只要做事一定会犯错，只有不做事的人才永远不会犯错。

下面是关于“坏事情一定会发生”的“墨菲定律”的由来：

> 墨菲是美国爱德华兹空军基地的上尉工程师。1949 年，他和他的上司斯塔普少校，在一次火箭减速超重试验中，因仪器失灵发生了事故。墨菲发现，测量仪表被一个技术人员装反了。由此，他得出的教训是：如果做某项工作有多种方法，而其中有一种方法将导致事故，那么一定有人会按这种方法去做。

既然犯错不可避免，我们能做的，就是对必然之事，愉快地加以接受，并从中吸取教训，而不是推卸责任。遇到问题选择趋吉避凶是人的本性，但将本应自己承担的责任推卸给他人，势必给上级、同事等留下不能担当的印象，对职业发展是十分不利的。

8. 频繁跳槽

“树挪死，人挪活。”在职场中，对很多人来说，跳槽都是曾经有过工作经历。但工作不是儿戏，是一件需要理智的事情，一定要三思而后行，千万不要在工作上要个性。频繁地跳槽，除了浪费时间外，对自己的损失更大。除非迫不得已，跳槽绝不是解决问题的办法。而且，频繁的跳槽会让人觉得你没有忠诚度可言，难以向你委以重任。

很多人跳槽是因为这样或者那样的不顺心，但是如果这种不顺心，在现在这个公司不能解决，那么在下一个公司多半也解决不了。你必须相信，绝大多数的情况下，你所在的公司并没有那么烂，你所向往的公司也没有想象的那么好。就像《围城》里说的：“城里的人拼命想冲出来，而城外的人拼命想冲进去。”绝对完美的公司是不存在的，“家家都有本难念的经”。换个环境你都不知道会碰到什么问题，可能会比现有遇到的问题更糟糕，与其如此，还不如现在就把问题解决掉。当你真的去解决的时候，之前认为不可能解决的问题或许并没有想象的那么难。

任何一个人的成功都不是偶然的，重要的是积累。这种积累包括工作经验、人际关系、业内口碑等。一份工作到两三年的时候，大部分人都会变成熟手，这个时候往往会陷入不断重复，有很多人会觉得厌倦，有些人会觉得自己已经搞懂了一切，从而懒得去寻求进步了。很多时候的跳槽是因为觉得失去激情或兴趣了，急于寻找另一份更具挑战性的工作。其实这个时候你的成功之路才刚刚开始，工作两三年的人，无论是客户关系、人脉、和领导的关系、在业内的名气等，还都是远远不够的，还是要拿出刚开始工作时的干劲来，稳扎稳打，向更高层次迈进。

学会换位思考，或者站在更高的高度思考问题，你可能就不会轻易下跳槽的决定。例如，你足够了解你的老板吗？你知道他最大的烦恼是什么吗？你足够了解你的同事吗？你知道他最大的烦恼是什么吗？你足够了解你的客户吗？你知道他最大的烦恼是什么吗？如果你不知道，你凭什么认为自己已经积累够了？如果你都不了解，你怎么能让他们帮你的忙，做你想让他们做的事情？如果他们不做你想让他们做的事情，你又何来的成功？

第二章　只有第一，没有第二

一、为什么人们记住的只有第一

鲜花和掌声，永远属于站得最高的人。在充满竞争的领域，即使是细微的差别也会将胜利者与其他人区别开来。例如，在体育比赛中，人们普遍关注金牌获得者，给予他们极大的荣誉和奖励，以及不菲的各种广告代言费用，而很少对银牌、铜牌获得者以及第四名、第五名等有较大的关注度，虽然他们的比赛成绩仅仅比第一名差了那么一点点。又如，广为人所知的世界第一高峰是珠穆朗玛峰，每年吸引世界各地大批的登山者，并且有很多关于其相关信息的新闻报道；但是，世界第二高峰乔戈里峰仅比珠穆朗玛峰低 237 米，这个差距还不到珠穆朗玛峰高度的 3%。但正是由于这个不到 3% 的差距，使其只被一些狂热的登山运动员所知晓；位居世界第三高峰的干城章嘉峰海拔也高达 8586 米，其西侧的雅兰康峰（海拔 8438 米）、东侧紧靠主峰的干城章嘉Ⅱ峰（海拔 8438 米）、最东边的达龙康日峰（海拔 8476 米），就更鲜为人知了。再如，央视广告“标王”、土地转让“地王”等令众多企业不惜重金去争当第一，为的就是吸引大众的眼球，以期获得更大的利益。

我们现在处在一个移动互联、媒介融合、社会化媒体、个性化消费等日益融入日常生活的时代，获取信息、传播信息正以前所未有的速度改变着人们的工作、生活方式。国内互联网搜索引擎的一哥——百度，其掌门人李彦宏就是一个深刻领悟“只有第一，没有第二”含义的人。

互联网把世界带入了另一个时代：一个不需要战争、不需要政治就可以成就一个人的全球影响力的时代。在2010年年底出炉的《TIME》和《Forbes》分别评选的“2010年全球最具影响力人物榜单”中，李彦宏都位列其中。美国人对他的描述是这样的：李彦宏的全球影响力在于，他是新一代商业领袖的代表，他个人的成功创业经历也使得他成为中国青年的励志偶像。Robin是李彦宏的英文名，也许在弱肉强食的互联网丛林中，只有像罗宾汉那样的人物才能生存下来。但李彦宏并不好斗，他脸廓分明，笑容羞涩，这个来自山西阳泉的男人没有乔布斯那样玩转世界的不羁与浪漫，也没有Google“火星地图”的新鲜和花俏，他给百度打上的标签是：简单可依赖。李彦宏说：“我最常思考的还是这个市场会有什么样的变化。我们这个行当，只有第一，没有第二。”

在职场中，个人的发展也是如此，人们对各种第一的追捧从未间断。当年一本《逆风飞扬》让吴世宏的“打工女皇”的神话迅速传遍了全中国，从护士到 IBM 办事员，从微软中国总裁到 TCL 集团副总裁，吴世宏成为了当时众多上班族的偶像。2008 年，唐骏以 10 亿元的身价转会新华都集团出任总裁兼 CEO，成为名副其实的“打工皇帝”。唐骏拥有中国十大营销人物、中华最佳职业经理人、中国十大新经济人物、CNN 年度亚洲人物等许多耀眼的“光环”，出版了多部畅销的励志类图书。虽经历了“学历门”事件，但人们对他的关注度仍然不减。2013 年 1 月，由人民日报社主管主办的《经济周刊》杂志，邀请唐骏开设个人专栏《唐骏来了》，以其传奇的职场经历、丰富的商业智慧，用精辟的文字、犀利的语言向大众说商业、谈职场、话生活。

一位在某著名高校担任学科带头人的教授，其职位仅比他的一位副手高半级，但待遇高于其同事的两倍还多，并且外出讲课的单场费用相差 10 倍以上。他曾坦言说：“难道我的能力真比他强出 10 倍吗？其实不是。在这个赢家通吃、只有第一没有第二的世界里，事实就是这么残酷。”

进入职场，你会随着阅历的增长而将理想与现实之间的差距体会得越来越深，你也会看到更多不公平现象的存在。所谓“存在就是合理”，既然你不能改变规则，那就先改变自己。所以，要想成就一番事业，实现自己的价值，就应该时刻用“只有第一，没有第二”的理念提醒自己，努力从各方面提高自己，远离抱怨和自卑，相信自己在有朝一日一定能做到所在领域的 No. 1！

二、不可不知的“马太效应”

马太效应（Matthew Effect），是指强者愈强、弱者愈弱的现象。其名字来自《圣经·马太福音》中的一则寓言：“凡有的，还要加给他，叫他有余；没有的，连他所有的，也要夺过来。”

从前，一个国王要出门远行，临行前叫了仆人来，把他的家业交给他们，依照各人的才干给他们银子。一个给了五千，一个给了二千，一个给了一千，就出发了。那领五千的，把钱拿去做买卖，另外赚了五千。那领二千的，也照样另赚了二千。但那领一千的，去掘开地，把主人的银子埋了。过了许久，国王远行回来，和他们算账。那领五千银子的，又带着那另外的五千来，说：“主阿，你交给我五千银子，请看，我又赚了五千。”主人说：“好，你这又善良又忠心的仆人。你有忠心，我把许多事派你管理。可以进来享受你主人的快乐。”那领二千的也来说：“主啊，你交给我二千银子，请看，我又赚了二千。”主人说：“好，你这又良善又忠心的仆人。”那领一千的，也来说：“主啊，我知道你是严厉的人，没有种的地方要收割，没有散的地方要聚敛。我就害怕，去把你的一千银子埋藏在地里。请看，你的原银在这里。”主人回答说：“你这又恶又懒的仆人，你既知道我没有种的地方要收割，没有散的地方要聚敛。就当把我的银子放

给兑换银钱的人，到我来的时候，可以连本带利收回。”于是夺过他的一千银子，给了那有一万的仆人。

马太效应可以归纳为：任何个体、群体或地区，一旦在某一个方面（如金钱、名誉、地位等）获得成功和进步，就会产生一种积累优势，就会有更多的机会取得更大的成功和进步。

在现实社会中，马太效应能对很多社会现象进行解释。例如，就像前文提到的那样，越是知名教授、专家，得到的科研经费、社会兼职越多，各种名目的评奖似乎就是专门为他们设立的。尽管某些项目从立项到完成与这些专家没有任何关系，但是，无论是立项书，还是最终成果，都必须将某些知名专家的大名冠于首位。又如，那些因投入充分占绝对优势的学校，从师资力量、生源到各项后续投入，不成为名校恐怕都很困难；而那些投入不足的学校，则因“巧妇难为无米之炊”而陷入了发展的“瓶颈”，有的甚至不得不被撤校合并。再如，某些大集团在它所在的领域因具有规模优势，通过兼并、收购等不断发展壮大而居于垄断地位；与其竞争的小公司，要么被大集团兼并、收购，要么自生自灭。因此，要想在某一个领域保持优势，就必须在此领域迅速做大。并且，当目标领域有强大对手的情况下，就要另辟蹊径，找准对手的弱项和自己的优势。

2010年9月16日《人民日报》发表了长篇通讯《社会底层人群向上流动面临困难》，提出一个疑问：穷会成为穷的原因，富会成为富的原因吗？文章感叹，贫富差距加大的趋势日趋严重，“阶层固化”所导致的严峻社会现实已经摆在我们面前，再不可漠视。中国劳动学会副会长兼薪酬委员会会长苏海南也提出担忧：“近几年社会底层特别是农民以及农民工家庭的子女，通过教育实现向上流动的动力越来越小，成本越来越高，渠道有变窄的趋势。”早在2004年中国社科院的《当代中国社会流动》调查报告中就指出：干部子女成为干部的机会，是非干部子女的2.1倍多。由于信息的不完善和改革参与主体的利益冲突，一个人生存越来越需要资源，没有家庭背景和社会资源的人，改变自己的命运越来越难。

可以看一看你的周围，那些心态很好的人，往往运气也很好，朋友也很多，也容易把握机会，赚取财富，结果生活就越来越好。那些心态很差、消极、经常唉声叹气的人，往往运气越来越差，做什么都不顺利，努力越多，失败越多，生活越来越差，甚至身体也生出很多病来！在交朋友上，也是如此。一个心态积极、友善、善于付出的人，朋友会越来越多，门路也越来越广，赚钱也越来越多，生活也越来越好。那些孤僻、自高自大、自以为是、自私自利的人，朋友越来越少，朋友质量也越来越差，结果往往会日子也一天不如一天。

在职场中，马太效应也有很深刻的体现。我们经常会听到这样的抱怨：怎么×××的运气那么好?！单位好、工作轻松、工资高，周围贵人也多，做什么事情都有人帮。自己呢，总是碰上抠门的老板，每天忙得要死而工资还是那么低。这个时候，你已陷入职场的马太效应中了。

小李毕业于一个二本大学的工业设计专业，之后去到一家时尚杂志做版面设计。本以为找到了一份稳定而又对口的工作，但她每天忙于编辑的各种需求，不是在准备加班，就是在加班。一份好好的设计，总是在五花八门的要求下被改得面目全非，而其同事（上级单位某个领导侄子）的设计虽不如自己但每次都顺利通过，并且还经常被内部表扬。小李的自尊心很强，但当被有些资深编辑不理解时，总要被领导叫去谈话，有时还要被骂两句。这样的工作还有什么意思？干了没有两年，小李垂头丧气地辞职了。之后她在一个广告公司工作，还是做平面设计，待遇相对提高了一些。她认为在这里会有较大的发展空间。但是，民营公司比不上国有单位，客户及老板对作品的要求更为苛刻，小李的能力倒是没问题，但与人沟通方面有点不足。眼看着比自己进公司晚但年轻又漂亮的助理做了自己的顶头上司，一阵阵的失落又袭上小李的心头。接着，小李好不容易应聘到某国有单位下属的一家小公司做网页设计，可状况依然没有得到改善。工作一辞再辞，一挑再挑，不是这里有缺失就是那里不满意，没一份工作能有自己想象中那么好。最后终于下定决心，再走求学路，于3年前考上了某高校的硕士研究生，但目前又因为年龄已近35岁而面临就业难题。

每个人的出生、经历、教育、环境、角度的不同，定位也不同。一个人最大的误区，就是失去自己的定位，盲目攀比，用别人的思维和观点来主宰自己的大脑，最后变得平庸无为。爱因斯坦说："如果你的思维和想法跟别人一样，行动跟别人一样，你注定跟别人一样的结果。"上面案例中的小李，她不仅应该脚踏实地地精进自己的专业技能，并且根据创业的要求积累各种可能涉及的资源，这样才能有条不紊、逐步实现自己的梦想。此外，培养积极、乐观的心态也是重要任务，心理能量与专业技能一样，是职业成功的关键要素。

因此，既然你不能改变别人，那就先改变自己：找准自己的定位和目标，永远积极，永不放弃你的梦想！如果你比别人更积极，更富有激情，交更多的朋友，更加开放，更善于接纳，更谦卑，更早起，更好学，喜欢更多付出，了解更多的信息，行动力更强……相信用不了多久，你的未来一定比别人更辉煌！反之，如果你比别人更消极，更懒惰，更不爱上进，更封闭，更多疑，想得更多，行动更少，今天你很差，明天注定你比今天更差，比别人更差，财富也越来越与你无缘！现实中，弱者是很难参与分配优质资源的，而没有好资源就难以取得发展，终将难逃被淘汰的命运。

马太效应告诉我们：找对环境，找对平台，才能做对事；做对事情，才能产生对的结果，并且越来越顺。若一味蛮干，只会产生更加糟糕的结果！

三、一步领先，步步领先

"一步领先，步步领先"同样是对马太效应的一种解释。可以回想一下，由于你父母的先见之明，让你在起初就接受了良好的早期教育，然后进入了一家各种条件都很优秀的幼儿园，几年后经过层层选拔、考试后挤进了入学名额竞争十分激烈的知名小学，“小升初”后以优秀的成绩考入了省市级甚至是国家级优秀初中，中考后又顺理成章地在本校甚至更知名的高中就读，三年的高中学习后被保送或者以高出重点线几十分的成绩进入名牌大学，大学毕业后被你现在的单位所挑中而成为众人羡慕的成功榜样。可以说，走到现在，你已经领先并超越了很多人。

小王从专科学校毕业后进入了一家小型国企，开始了上班生涯。由于他在学校的时候已经入党，因此可以参加单位定期开的党员会议，能比其他同事更及时地了解单位的发展动向和中层干部的脾气秉性，对他拓展与同事的人际关系也起到了很大的帮助作用。虽然上学时的专业与从事的工作并不对口，但他不忘尽快提高自己的专业技能和学历，3 年内学完了某名牌大学的本科课程并取得了学历学位证书。在他的顶头上司因调职而出现职位空缺的时候，他被列入了首要的考察对象。与小王进行该岗位竞争的小李，虽比小王还早来单位一年，业务能力也很强且拥有名牌大学的硕士学位，但由于不是党员和并不像小王那样更会处理与上层领导的人际关系，最终小李在竞选中落败，小王成为了小李的上司。

在职场中，“机遇总是光顾有准备的头脑”，若你比一起入职的同事提前取得了某个资格证书或者接受了某项业务培训，你就有可能比别人更早地担任重要岗位以致得到上司的认可而获得升职。在别人开始奋起直追、迎头赶上的同时，你早已先入为主、步步高升了，并使他们与你的差距越来越大。

四、比别人多做一点，事事领先一步

比别人多做一点是用心去做，而不是做一些过犹不及的事情。做这些事情，在别人眼里是吃亏而不愿意去做，但职场中的竞争无处不在，你要是比别人能吃亏，将一些小事情也能做出大动静来。

小郭曾在某名牌大学攻读会计学专业，毕业后进入一家跨国企业驻中国总部做基本的财务工作。一般人做这个工作，无非是每天拿着计算器或对着电脑，复核一下票据和别人算出来的简单账目，或者抄抄报表账单之类。但小郭不这样想，她会对这些枯燥的数据和票据花更多的心思。她会一边抄写，一边花更多的精力在数据分析上，仔细考虑数字背后的意义。她每次都会在提交给上司的报告后面附一段话，或是对数字的质疑，或是对公司某个发展方面的建议，或是几句很客观但又能体现个性的问候语。很快，通过小郭做的这些“闲事”，上司便多了一个了解她的渠道，通过她写下的只言片语，开始欣赏她的敬业精神、独特的处事态度。半年后，她做了市场监管部的主管。这时，许多比她早进来的

同事向她求教：“我从不承认自己比别人笨，但在这个岗位上一做就是四五年，上级也很肯定，却一直没有实质性突破，内心苦闷之极。你说这是为什么？”小郭笑答：“做任何事情，就是要多考虑一些，比别人多做一点，事事领先一步。”

比别人多做一点，看起来很容易，但做起来很难。你需要用你的专业作为后盾，用心去做。只要你是一个用心的人，你就可以见微知著，从很多小事中发现机会。只要你把握住了这些机会，就很可能会从中受益，即使是抢先别人半步，也一定会步步领先。

著名篮球明星乔丹说：“在朝气蓬勃的美国高中篮球队中，你会发现，那些多做了一点努力、多练习了一点的小伙子成为了球星，他们在赢得比赛中起到了关键性的作用。他们得到了球迷的支持和教练的青睐。而所有这些只是因为他们比队友多做了那么一点努力。”

有位职场成功人士告诫新员工：“不要做一个‘算盘珠’，别人拨一下，你动一下。要学会‘角色转换’，从‘听命者’转到‘解决者’。一定要学会站在更高的高度来思考问题。你将发现，领导会越来越赏识你，把更多有挑战性的事交给你。到一定的时候，如果领导还不提拔你的话，大家都会看不下去的。”

在职场中，能保质保量完成自己工作的人，是称职的员工。但如果在自己的工作中再多做一点，你就可能成为优秀的员工。

主动在工作中多做一点的人，每天都在向你的同事证明你更敬业、更专业、更值得信赖，而且自己还具有更大的价值。所以，在工作中，多一点责任、多一点决心、多一点敬业的态度和自动自发的精神，将有助于你最大限度地展现自己的工作态度，最高限度地发挥你的天赋，让自己在职场上不断升值。

五、从唯一到第一

我们都知道成功需要多方面的努力，但自信和自尊是必不可少的，要相信世界因你会更美好，没有人能取代你，在世上你就是唯一，你一定能从唯一到第一。

初入职场，塑造自己的职业形象十分必要。因为完美的职业形象，是诠释自我的名片，是实现个人品牌价值的通行证。有位职场形象塑造专家说：你就是你的“金字招牌”，形象就是你的资本。西方学者总结得出了关于个人形象的“58357”定律：决定一个人的第一印象中，58%体现在外表、穿着、打扮，35%取决于肢体语言和讲话的语气，而谈话的内容只占到7%。

小潘毕业后进入了一家小公司做销售业务员，3年多来，销售任务不断上涨但收入没有明显提升，每天工作压力很大，并且在结婚后生活压力也增大了。几经考虑，小潘决定辞职，经过辛苦地找工作，他凭借自己的工作经验和良好的口才应聘到了一家外企做销售业务员。应聘成功后，小潘下决心在个人形象上做一番改变，他首先购买了2套知名品牌的套装，皮鞋也擦得锃亮，在镜子面前，他看到的是一副职业经理人的外表，人看上去精神多了，自信也回来了，真像一个成功人士。小潘对这还不算太满足，他又买了高级的男士洗面奶和香水，驱走了之前厚重的男人味，给人一种清新的感觉。改变形象后，小潘在新的岗位上改变了他以往的做事方式，更加积极、主动、拼搏……一年下来，他的业绩也出来了，还被派往国外学习了3个月，回来后升任公司华南地区销售主管。

要想给别人留下一个好的印象，实现从唯一到第一的转变，你必须把自己的职业形象塑造好，让你自己看起来就是一位成功者。从头发、饰品、指甲、衣服、包、鞋、妆容、体味等外在表现，到拜访、打电话、工作时、参加会议、乘坐电梯、就餐等的礼仪，再到讲话时的肢体语言、目光交流、语气、人际距离等，都时刻展示着你的职业形象。这些除了看书、电视剧、电影、网站视频，学习一些成功者的经验外，还可以参加形象塑造的专业培训。不要看不起这些表面的功夫，一旦你的形象被大多数人认可，给人留下了深刻的正面、成功者的形象，你的成功机会将随之而来。

六、注重培养你的核心竞争力

核心竞争力，又称核心（竞争）能力、核心竞争优势，是一个企业、人才、国家或者参与竞争的个体具备的应对变革与激烈的外部竞争，能够长期获得竞争优势的能力。

所谓个人核心竞争力，就是指不容易被竞争对手仿效的、具有竞争优势的独特的知识和技能。在职场，竞争无处不在。要想不被竞争所淘汰，并且在竞争中脱颖而出，培养你的核心竞争力是必须要注重的一点，比如组织能力、电脑技能、公众演说技能、数据分析能力、客户开拓能力、谈判能力、活动策划能力等。

《南方周末》专栏作者刘未鹏曾撰文《什么才是你的不可替代性和核心竞争力》说，个人的核心竞争力是独特的个性、知识、经验组合。

在文中，他引用了孟岩的博客文章——《技术路线的选择重要但不具有决定性》，用有说服力的数据阐述了技术路线的选择对于个人知识体系的不可替代性并非一个关键因素。文中也提到了这样一段话："我观察圈子里很多成功和不成功的技术人，提出一个观点，那就是个人的核心竞争力是他独特的个性、知识、经验的组合。这个行业里拥挤着上百万聪明人，彼此之间真正的不同在哪里？不在于你学的是什么技术，学得多深，IQ 多少，而在于你身上有别人没有的独特的个性、背景、知识和经验的组合。如果这种组合，绝无仅有、在实践中有价值，以及具有可持续发展性，那你就具备核心竞争力。因此，当设计自己的发展路线时，应当最大限度地加强和发挥自己独特的组合，而不是寻求单项的超越。而构建自己独特组合的方式，主要是通过实践，其次是要有意识地构造。”

刘未鹏说，相信以下的知识技能组合是具有相当程度的不可替代性的：

1. 专业领域技能。成为一个专业领域的专家，你的专业技能越强，在这个领域的不可替代性就越高。

2. 跨领域的技能。解决问题的能力、创新思维、判断与决策能力、批判性思维、表达沟通能力，等等。

3. 学习能力。严格来说学习能力也属于跨领域的技能，但由于实在太重要，并且跨任何领域，所以独立出来。如何培养学习能力，到目前为止我所知道的最有效的办法就是持续学习和思考新知识。

4. 性格要素。严格来说这也属于跨领域技能，理由同上。一些我相信很重要的性格要素包括：专注、持之以恒、自省（意识到自己的问题所在的能力，这是改进自身的大前提）、好奇心、自信、谦卑（自信和谦卑是不悖的，前者是相信别人能够做到的自己也能够做到，后者是不要总认为自己确信正确的就一定是正确的，Keep an open mind），等等。

由于一个人的精力和时间毕竟有限，不可能做到全才，一定要在所从事的领域追求专而精的基础上，然后再适当地拓展其他的能力。只有这样，你才能集中优势的资源，成功运用它们，并且将资源的效用发挥到最佳。

七、自信、执着、富有远见、勤于实践

美国职业橄榄球联会前主席 D. 杜根曾经提出："强者不一定是胜利者，但胜利迟早都属于有信心的人。"这就是非常著名的杜根定律。可以说，信心是决定成败的关键因素。

在体育竞技中，自古希腊以来，人们一直试图达到 4 分钟跑完 1 英里的目标。人们为了达到这个目标，曾让狮子追赶奔跑者，也曾喝过真正的虎奶，但是没人能实现这一目标。于是，许多医生、教练员和运动员断言：人在 4 分钟内跑 1 英里的路程，那是绝不可能的。因为，我们的骨骼结构不对头，肺活量不够，风的阻力又太大。理由实在很多，然而，有一个人首先开创了用 4 分钟跑完 1 英里的纪录，这个人就是罗杰·班尼斯特。更令人惊叹的是，在此之后的一年里，又有 300 名运动员在 4 分钟内跑完了 1 英里的路程。他们相信自己，因为他们知道，既然罗杰能做到，他们也能做得到。这就是自信的力量！

有一个人经常出差，经常买不到对号入座的车票。可是无论长途短途，无论车上多挤，他总能找到座位。

他的办法其实很简单，就是耐心地一节车厢一节车厢找过去。这个办法听上去似乎并不高明，但却很管用。每次，他都做好了从第一节车厢走到最后一节车厢的准备，可是每

次他都用不着走到最后就会发现空位。他说，这是因为像他这样锲而不舍找座位的乘客实在不多。经常是在他落座的车厢里尚余若干座位，而在其他车厢的过道和车厢接头处，都人满为患。

他说，大多数乘客轻易就被一两节车厢拥挤的表面现象迷惑了，不大细想在数十次停靠之中，从火车十几个车门上上下下的流动中蕴藏着不少提供座位的机遇；即使想到了，他们也没有那一份寻找的耐心。眼前一方小小立足之地很容易让大多数人满足，为了一两个座位背负着行囊挤来挤去，有些人也许会觉得不值。他们还担心万一找不到座位，回头连个好好站着的地方也没有了。与生活中一些安于现状、不思进取、害怕失败的人，永远只能滞留在没有成功的起点上一样，这些不愿主动找座位的乘客大多只能在上车时的落脚之处一直站到下车。

哈佛大学曾进行过一次调查，结论是：一个人胜任一件事，有85%取决于他的态度，15%取决于他的智力。如果他自信，事情肯定会办好。所以一个人的成败取决于他是否自信，假如这个人是自卑的，那自卑就会扼杀他的聪明才智，消磨他的意志。

在职场中，你更需要自信，因为自信为一种自我肯定、自我鼓励、自我强化、坚信自己一定能成功的情绪素养。没有自信心，你就没有生活的热情和趣味，也就没有探索、拼搏的勇气和力量。一个自信的人，应该拥有这样的心态：“知我者谓我心忧，不知我者谓我何求。”有了自信，你还需要有偏执狂的信念，那种不达目的誓不罢休的执着。自信、执着、富有远见、勤于实践，会让你握有一张人生之旅的永远坐票。

八、把握展现自己的机会

在职场中，你要想成功，必须要有敏锐的直觉、判断力和独特的眼光，以及迅速的反应能力。当然，要想把握住展现自己的机会，也需要一定的冒险精神。“不入虎穴，焉得虎子”，“明知山有虎，偏向虎山行”，在你具备了承担更大责任能力的时候，在机会面前，一定要跳出来，敢于展现自己。

《史记·平原君虞卿列传》有一则故事：战国时，秦军在长平一线，大胜赵军。秦军主将白起，领兵乘胜追击，包围了赵国都城邯郸。大敌当前，赵国形势万分危急。平原君赵胜，奉赵王之命，去楚国求兵解围。平原君把门客召集起来，挑选20个文武全才的门客一起去。经过挑选，最后还缺一个人。门下有一个叫毛遂的人走上前来，向平原君自我推荐说：“听说先生将要到楚国去签订‘合纵’盟约，约定与门客20人一同前往，而且不到外边去寻找。可是还少一个人，希望先生就以毛遂凑足人数出发吧！”平原君说：“先生来到赵胜门下几年了？”毛遂说：“3 年了。”平原君说：“贤能的人处在世界上，就好比锥子处在囊中，它的尖梢立

即就要显现出来。如今，你处在赵胜的门下已经3年了，左右的人们对你没有称道，赵胜也没听到赞语，这是因为先生没有什么才能的缘故。所以先生不能一道前往，请留下！”毛遂说：“我不过今天才请求进到囊中罢了。要是我早就处在囊中的话，就会像锥子那样，整个锋芒都会露出来，不仅是尖梢露出来而已。”平原君终于带毛遂一道前往。

到了楚国，楚王只接见平原君一个人。两人坐在殿上，从早晨谈到中午，还没有结果。毛遂大步跨上台阶，远远地大声叫起来：“出兵的事，非利即害，非害即利，简单而又明白，为何议而不决？”楚王非常恼火，问平原君：“此人是谁？”平原君答道：“此人名叫毛遂，乃是我的门客。”楚王呵道：“赶紧退下！我和你主人说话，你来干吗？”毛遂见楚王发怒，不但不退下，反而又走上几个台阶。他手按宝剑，说：“如今十步之内，大王性命在我手中！”楚王见毛遂那么勇敢，没有再呵斥他，就听毛遂讲话。毛遂就把出兵援赵有利楚国的道理，做了精辟的分析。毛遂的一番话，说得楚王心悦诚服，答应马上出兵。不几天，楚、魏等国联合出兵援赵。秦军撤退了。平原君回赵后，待毛遂为上宾。他很感叹地说：“毛先生一至楚，楚王就不敢小看赵国。”

成语“毛遂自荐”由此而来，比喻不经别人介绍，自我推荐担任某一项工作。

古往今来，多少有才华的人被埋没，而能被历史所记住的几乎都是善于把握住机会、展现自己，进而获得更大成就的人。在职场中，不论是现有同事之间的竞争，还是同行之间的竞争，自身的实力仅是你胜任现有工作的必备条件。如果你仅仅满足于现状，固守在自我所认知的那片天地里，随着年龄的增长和时代的变革，迟早会被“新鲜血液”所替代。要想在职场中取得长足的发展，获得更大的成功，那就必须把握机会展现自己，敢于毛遂自荐，让优势的资源更加向你集中，并将能力发挥至最佳。

第三章　沉下去才能浮上来

一、职场中不可不知的“蘑菇定律”

“蘑菇定律”是20世纪70年代由国外的一批年轻电脑程序员总结出来的。当时处在电脑行业的开端，从事电脑程序研发的人员并不被人们理解和重视，甚至被其他行业的人质疑他们工作的认真度。于是，这些年轻的电脑程序员这样激励自己：生长在阴暗角落的蘑菇因为得不到阳光又没有肥料，常面临着自生自灭的状况，只有长到足够高、足够壮的时候，才被人们关注，可事实上，此时他们已经能够独自接受阳光雨露了。言外之意，就是要对自己的工作充满信心，要相信自己终究有一天会像蘑菇一样出人头地，拥有鲜花和掌声。

职场中，“蘑菇定律”又称“萌发定律”，是许多组织对待初出茅庐者的一种管理方法；具体是指初入职场者常常会被置于不受重视的岗位，做的基本都是打杂跑腿工作，就像蘑菇培育一样有时还要被浇上一头大粪，接受各种无端的批评、指责、代人受过，得不到必要的指导和提携，处于自生自灭过程中。

1963年，在美国田纳西州出生了一个小男孩，因为他的母亲是个狂热的电影迷，所以就顺便给刚刚出生的儿子起了个电影中男主角昆汀的名字。

受到电影迷母亲的影响，小昆汀耳濡目染也跟着看了不少电影。电影看多了，小昆汀就想着长大了自己拍电影。可是，贫困的生活让他根本没有机会接受系统的电影教育。18岁的时候，高中辍学的昆汀在曼哈顿的一家音像店当店员。

音像店的工作不是太忙，没事儿的时候，昆汀就找出感兴趣的电影，一盘一盘地观看。那时，正是香港电影红火的年代，他成了李小龙、成龙等人的忠实影迷。一遍遍地看片子之后，他觉得电影也不过如此。他想自己或许也能拍出一些电影来。

拍电影的儿时梦想，此时在昆汀的心里悄悄地发芽了。于是他开始利用业余时间学习表演，并尝试创作电影剧本。就这样，他一方面在店里当伙计，一方面利用工作的便利，一有时间就看电影，全世界经典电影都看完了，甚至还看了好多遍。就在这样充满热情的、简单的不断重复中，昆汀熟悉了世界各国电影的风格特点、构思技巧，而且大量电影知识和拍摄技法让他掌握了电影创作的基本规律和套路。

看着别人的东西写着自己的东西，昆汀的第一部剧本就这样诞生了，而且一出手就被好莱坞导演看中，以5万美元买走。小试牛刀，昆汀大获成功，从此他信心百倍地迈进了电影大门。

1993 年，昆汀的电影《低俗小说》获得戛纳电影节金棕榈奖和奥斯卡最佳编剧奖，一举奠定了他在好莱坞的大师级地位。2004 年，他又师法香港功夫片，拍出《杀死比尔》系列电影，风靡全球。

一个高中还没毕业的音像店伙计，以独特的个性和对商业电影、艺术电影均有深刻理解著称，成为了 20 世纪 90 年代美国独立电影革命中重要的年轻导演，这无疑给以制造新闻著称的好莱坞制造了有史以来最重磅的新闻。

在 2004 年的第 57 届戛纳国际电影节上，40 岁的昆汀成为了该届电影节的评委会主席。有记者问昆汀："你的创作灵感从哪里来?"他的回答令那些根正苗红、科班出身的导演无地自容，瞠目结舌，他说："我的灵感一半来源于生活，一半来源于看过的电影。"

一语道破天机，昆汀的成功秘诀就是：重复简单，熟能生巧。在一遍遍充满热情的重复简单的过程中，昆汀站在经典的肩膀上创造了经典。

众所周知，在那些世界级大公司里，管理人员都有一段时间的基层工作经验，就连老板自己的子女要接班也得从基层做起。综合来看，在基层干起主要是出于以下的考虑：可以了解企业的整体运营情况，在日后担任管理岗位的工作中更加得心应手；有利于积累经验、诚信和人气，打造自己的工作团队；经受艰苦的磨砺和考验，体验不同岗位乃至于人生奋斗的艰辛，更加懂得珍惜；观察员工的表现中，便于从中发现人才、培养人才、重视人才。所以说，“蘑菇”的经历对年轻人来说是成长必经的一步。

二、解读“蘑菇定律”

很多大学生走出校园后，对工作都抱有很高的期望。他们觉得自己十几年寒窗苦读、学富五车，在工作单位应该担任重要岗位，并且得到丰厚的报酬。独当一面、高工资成了他们衡量自身价值的标准；一旦得不到重用，工资达不到预期，就容易失去信心和热情，整日地抱怨、发牢骚，进而消极地对待工作，有的可能会接二连三地跳槽。

从学生转变成上班族，梦想与现实总是存在很大的距离，成长环境和发展潜力等是你必须综合考量的内容。当你到了一个并不满意的公司，或者被分配在某个不理想的岗位，做着也许还很没劲甚至很无聊的工作时，肯定会产生前途茫然的感觉。如果收入又不理想，你肯定会更加郁闷，实际上此时就是“蘑菇定律”在考验你的适应能力。请记住达尔文的忠告：“要想改变环境，必须先适应环境。”

刘德华刚刚从香港无线艺训班毕业时，怀着满腔热情的他所演的却都是一些微不足道的小角色，戏份最长的也就是短短的45秒。他觉得很失望，为自己不被赏识而愤愤不平，不免心生不满和诸多抱怨。

一天，黄秋生耐心地对刘德华说："老弟，不要看不起这些小角色，对于戏来说，对于别人来说，那是小角色，微不足道，不会引起别人的关注，但是对于你自己来说，那就是主角，是对你的考验，是你证明自己的机会，要演就要演好。"

黄秋生的话惊醒了刘德华，再回到片场，他很快就入戏，仅仅一次就获得了通过。此后，他演过很多小角色，杀手、嫖客、门童……但是每一个角色，他都会尽心尽力去演。

有一次拍摄《鳄鱼潭》，他演一个杀手，仅仅就20秒的戏份，但是为了使自己的表情酷似杀手，他对着镜子反复练习。戏中的主角周润发走过来问他："怎么这么认真？"他笑着说："对观众来说，你演的是主角，我演的是个小角色。但对我自己来说，我演的是个主角，我要好好演。"

他的这句话和他的努力给周润发留下了深刻的印象。虽然周润发连他的名字都不知道，但却记住了他。后来，有位导演邀请周润发在一部名为《投奔怒海》的电影里出演男一号，因档期排不开，周润发竭力向导演推荐了刘德华。有了周润发的推荐，导演便找到了他。这部戏也成了他的成名之作。

而今，他演的电影和电视剧上百部，也演唱了许多脍炙人口的歌曲，成为演艺圈的常青树。

联想一如其创始人柳传志一样，带着浓郁的传奇色彩叱咤商界，柳传志一手培养起来的联想顶梁柱更为业界津津乐道。杨元庆、陈绍鹏、刘军、贺志强，短短十几年柳传志用自己的人才管理方式培养出一批虎将。柳传志有着自己认定的人才培养方法：缝鞋垫理论，即培养一个战略型人才和培养一个优秀的裁缝有相同的道理，不能一开始就给他选用一块上等毛料做西服，而是应该让他从缝鞋垫做起，鞋垫做好了再做短裤，然后再做长裤、衬衣，最后才是做西装；不能拔苗助长，操之过急。

如何快速、高效地走出职业生涯中最初的那段“蘑菇期”，为日后积累工作经验和人生阅历，是每个初入职场的年轻人必须面对的问题。只有有明确的目标，耐得住寂寞，经得起诱惑，通过自身持续地学习、练习、磨炼，厚积薄发，修炼出其他人不可替代的职业能力来，将自己的工作做到极致，做到炉火纯青，做出绝活儿，才能让别人由衷地跷起大拇指，在沉下去之后成功地“浮出水面”。

三、你自己很纠结，但真没有多少人在意

初入职场，很多人都想凭借自己的学识来大干一番，但他们的自尊心也很强，好不容易做完了某项工作，急切希望上司的认可或表扬，但没有得到上司任何表示导致自己郁郁寡欢；有时还会因做错事而被大骂一通，总怀疑别人在背后说自己能力不足，为此纠结很长时间，以后做事也更加缺乏自信心。其实，在职场中，每个岗位都有其责任，每个人可能都负担着繁重的工作，真

没有多少人在意你的感受，你所担心的事很多时候不过是自寻烦恼罢了。

遇到困难，很多人选择以自我为中心，把自己封闭起来，不喜欢被打扰、不喜欢与人交谈、不喜欢被人指使、不喜欢去主动关心别人……只想停留在自己的角落，享受这种自我的空间。但很快就会发现，当你渐渐习惯并不想改变现状的时候，你也正在远离人群，无法很好地处理业务、人际、舆论间的关系，最终与职场背离。

《杜拉拉升职记》一书讲的是杜拉拉从一个助理升到办事处的行政主管，到兼任上海总部的行政经理，然后又升任人事行政经理的职位，从月薪4千到月薪2万的成长经历。二十出头的杜拉拉初进公司，先是忠心耿耿地傻干，后来发现干了很多工作，仍然得不到上司的待见。小领导藏着掖着，为了保住自己的位置不受威胁，关键的业务丝毫不放，关键的知识一点不教；大领导只想安全退休，不愿承担责任和风险，该做决定时他思考，遇到困难时他授权；周围有一些本事不大脾气不小的下属，还有平级的同事争风吃醋不怀好意，甚至还有的客户拽得像二五八万……在复杂的多重关系中，杜拉拉并没有过多的纠结，而是不断进行正面的自我调整，终于百炼成钢。

遇到挫折后长时间的纠结最终伤害的是自己，没有人会为你自己或者你的错误埋单。并且，别人也不会刻意地去关心和在意你，你所能做的就是改变你自己，尽快适应你所工作的环境。当然，你若棱角分明，在学校的时候可以称为有个性，但在职场必定四处碰壁。职场中已经不缺乏学校里的风云人物在职场里被搞得落花流水而付出惨痛代价的例子。因此，初入职场，必须尽快完成角色转换，拿出在校时刻苦努力的劲头来适应职场中的行为模式和游戏规则，不断完善自我并坚持下去，一定能像杜拉拉那样获得升职。

四、初入职场的六大提醒

1. 切忌撒娇和装另类

不管你多么温柔、可爱、娇小或者帅气、阳刚、威猛，当学生时你可以在家人、老师、同学、朋友等面前撒娇、装另类，但在职场中是一点都不可以的。在职场中，你要“干什么像什么，卖什么吆喝什么”，无论是外在形象还是言行举止都应该具有职业性。你可以把你的另一面留在工作时间和工作环境以外，但无论如何也不要在上班的时候带有撒娇和装另类的心态和行为。但是，万事都会“过犹不及”，不要刻意在打扮、行为举止、言语等方面装得过于成熟而让人感觉老气横秋，不容易接近。大部分高校毕业生的年龄在23岁左右，这个年纪的人最有朝气和活力，在遵守组织制度和道德标准的前提下，尽量把自己充满活力的形象展现出来，不断积累工作经验，逐步走向稳

重、成熟。

2. 善于运用现有资源，迅速熟悉岗位

初入职场时，即使所学专业和工作岗位对口，很多人也会觉得理论与实践的差别实在是太大了，几乎所有的东西都得从头开始学起。但是，公司是不会有人专门像家教一样辅导你的，那么如何迅速熟悉工作？从哪里下手？

（1）主动拜师学艺。刚参加工作，一般情况下是从助理的岗位开始的。那么，你的上司，也就是你所服务的对象，就应该被视为是你的老师。主动向你的上司请教，谦虚、尊敬是你最基本的态度，“眼里有活儿”是你最重要的表现。一位职场资深经理人告诫新员工：出入职场，深刻理解“表面做足，底下做实”这句话，你的前途将不可限量。

（2）做职场的有心人。听别人是如何打电话和与人面谈，上司交给你要整理的文件、报告等资料都是你迅速熟悉业务的重要方法。有的公司在电脑服务器上会有类似规章制度、通知、公告、部门资料等的公共盘，空闲时翻看公共盘上的内容，可以帮你迅速熟悉本部门的主要工作内容和工作模式。翻看的方法，可以按时间顺序，倒着一个个地看。对有用的内容，你可以按类别保存在你的电脑里。另外，有些公司出于节约方面的考虑，复印、打印用纸都是双面使用的，打印机上经常会有很多员工打废的、来不及送进碎纸机的文字材料。有时间在打印机旁翻看这些大量的废纸，也是你刚进公司时迅速熟悉业务的方法之一。但要注意的是：切勿将废纸带出公司大门，以免泄露机密。

3. 多阅读专业报纸、杂志、书籍和浏览专业网站、论坛

在学校或实习时你可能已经对你所从事工作所需的专业知识有了理论上的了解，但这还不够，向同事请教或上专业的网站、论坛等了解哪些报纸、杂志、书籍会对你迅速入门和成长有帮助。每天要坚持学习半小时的专业知识，虽然这些和操作是两回事，但看多了会让自己有良好的工作感觉。切忌装牛人来看很厚很难的“砖头书”，看不懂不如不看。另外，加入一些业内的 QQ 群，对你即时了解行业资讯也有很大的帮助。

4. 勇敢地说出你“不懂”

初入职场，很多比较内向的人最容易犯的毛病就是不懂也不问，一个人闷头在那里想，最后延误了整个工作进程，上司为此而大发脾气，自己也受到了惊吓，郁闷、抱怨、牢骚等由此而生。其实作为新入职人员，虽有入职培训或专人提携，但仍有很多工作不能马上上手。开始时你听不懂，不知道如何下手，没人会说你，但你若向别人请教则一定会有人教你，若是不懂装懂造成一定后果时就事儿大了。因此，在接手一项任务时，若你哪方面不懂，不妨直接提出来，向上司或同事虚心请教，也许你会遇到别人的猜疑和训斥，但为大局和你自己的岗位着想，完成任务才是你的目的，同时又加强了和别人的沟通，

何乐而不为？

5. 犯错后，不要担心被骂而逃跑

对初入职场的人来说，工作中出现失误在所难免。很多情况下，虽然你的出发点是很好的，但结果往往与你的想法背道而驰。听过很多在试用期因犯错担心被骂而逃跑的故事，无论错误是多么客观，主动放弃来之不易的职位一定是不负责任的表现。试用期的表现可能影响你的整个职业生涯，将工作任务事先做好规划，对可能面临的问题和困难有个心理准备，及时与上司、其他同事进行沟通；即使犯错，也不会严重到让你用离职来逃避责任的程度。

6. 不要吹嘘那些不属于自己的东西

互相攀比是同学、朋友聚会经常发生的事情。有的甚至在网上论坛里到处发吹嘘帖：说自己所在的公司待遇相当好，如每月有上千元的业务经费，出差住五星级酒店，坐飞机是头等舱，过节发的福利有多好，等等。需要提醒的是，这些话题并不表示你很厉害，只能表明你所在的这个公司很厉害，并且公司的厉害和你的厉害没有关系。聪明的人会把眼光放长远，不会贪图蝇头小利，更不会吹嘘这些不属于自己的东西。更重要的是，若这些内容被你的同事听到或在网上看到，那可不是什么好事。

五、急于求成要不得

荀子说：“积土成山，风雨兴焉；积水成渊，蛟龙生焉；积

善成德，而神明自得，圣心备焉。故不积跬步，无以至千里；不积小流，无以成江海。骐骥一跃，不能十步，驽马十驾，功在不舍。锲而舍之，朽木不折；锲而不舍，金石可镂。蚓无爪牙之利，筋骨之强，上食埃土，下饮黄泉，用心一也。蟹六跪而二螯，非蛇鳝之穴无可寄托者，用心躁也。是故无冥冥之志者，无昭昭之明；无惛惛之事者，无赫赫之功。”老子说：“合抱之木，生于毫末；九层之台，起于垒土；千里之行，始于足下。”可见，要想取得成功，急于求成是要不得的，必须注重积累。

日本近代剑道大家宫本武藏与他的高足柳生又寿郎，是两位参透了禅的真精神的剑客。当年，柳生第一次参拜师父的时候，便迫不及待地问道：“师父，您是过来人，慧眼如炬。您看，以我的基础，何时能练成一流的剑客?”

宫本想了想，慎重地对他说道：“大概要10年。”

“10年，是不是太久了?”年轻的柳生很想尽快成名，急切地说：“师父，我是一个意志坚强的人，如果我加倍努力苦练呢?”

“那么，得要20年。”宫本一脸的严肃认真。

柳生大惑不解地追问：“假如我夜以继日、废寝忘食、一刻不停地用功呢?”

“那你30年也不会成功!”

柳生更是迷茫：“为什么越努力反而用的时间越长呢?

请您告诉我，这是什么道理?”

宫本谆谆教导他说：“如果你的两只眼睛死死盯着‘成功’二字，哪里还能看自己呢？所谓的一流剑客，便要永远保留一只眼睛看自己。”

柳生震惊得满头大汗，当下顿悟。

在职场中，如果你仅仅是为了工资而上班，那么你所在的单位绝对是套在你身上的枷锁。工作的乐趣需要自己去体会，慢慢累积用金钱换不来的“成就感”，那么你的生活会更加充实而充满活力。

大学刚毕业那会儿，峰被分配到一个偏远的林区小镇当教师，工资低得可怜。其实峰有着不少优势，教学基本功不错，还擅长写作。于是，峰一边抱怨命运不公，一边羡慕那些拥有一份体面的工作、拿一份优厚的薪水的同窗。这样一来，他不仅对工作没了热情，而且连写作也没了兴趣。峰整天琢磨着“跳槽”，幻想能有机会调换一个好的工作环境，也拿一份丰厚的报酬。就这样2年时间匆匆过去了，峰的本职工作干得一塌糊涂，写作上也没有什么收获。这期间，峰试着联系了几个自己喜欢的单位，但最终没有一个接纳他。然而，后来发生的一件微不足道的小事，改变了峰一直想改变的命运。那天学校开运动会，这在文化活动极其贫乏的小镇，无疑是件大事，因而前来观看的人特别多。小小的操场四周很快围出一道密不透风的环形人墙。峰来晚了，站在人墙后面，踮起脚也看不到里面热闹的情景。这时，身旁一个很矮的小男孩吸引了峰的视线。只见他一趟趟地从不远处搬来砖头，在那厚厚的人墙后面，耐心地垒着一个台子，一层又一层，足有半米高。峰不知道他垒这个台子花了多长时间，但他登上那个自己垒起的台子时，冲峰粲然一笑，那是成功的喜悦。刹那间，峰的心被震了一下——多么简单的事情啊！要想越过密密的人墙看到精彩的比赛，只要在脚下多垫些砖头。从此以后，峰满怀激情地投入到工作中去，踏踏实实，一步一个脚印。很快，峰便成了远近闻名的教学能手，编辑的各类教材接连出版，各种令人羡慕的荣誉纷纷落到峰的头上。业余时间，峰笔耕不辍，各类文学作品频繁地见诸报刊，成了多家报刊的特约撰稿人。如今，峰已被调至自己颇喜欢的中专学校任职。

在我们的职业生涯和事业征途中，“欲速则不达”是一定要记得的理念。一个有理想的人只要不辞辛苦，默默地在自己脚下多垫些“砖头”，就一定能够看到自己渴望看到的风景，摘到挂在高处的那些诱人的果实。完成小事是成就大事的第一步，伟大的成就总是跟随在一连串小的成功之后。在事业起步之际，我们会被分派到与自己的能力和经验相称的工作岗位，直到我们向团体证明自己的价值，才能渐渐被委以重任和更多的工作。把现有的工作看成是“梦想开始的地方”，潜心积累，到时你会发现：成功的快乐是在过程之中而非成功本身。

六、少说话，多做事

常言道：多说无益，祸从口出。初入职场，无论是学校的老师、家长，还是朋友、同事都会告诉你“少说话，多做事”，目的就是让你不做夸夸其谈、眼高手低的人。职场中，没有谁会喜欢说得漂亮，但做事不怎么样的人。谦虚谨慎、少说多做，是初入职场必须要端正的工作态度。

古往今来，有许多的大智慧的人在做事情的时候都是废话少而行动多。例如，东晋时期的著名书法家王羲之，在年少的时候就专注于书法而废话较少。他 7 岁就擅长书法，12 岁时在父亲的枕中看到古代的《笔说》，就偷来读。父亲发现后问：“你为什么偷我秘籍?”王羲之笑而不答。母亲说：“你看《笔说》，”父亲见他小，怕他不能守住秘密，就对王羲之说：“等你长大成人后，我再传授给你。”“倘使等到我成人，恐怕会埋没幼年的才华。”父亲很高兴，于是就给了他。不到一个月，书法便大有长进。卫夫人见了后，对担任太常官的王策说：“王羲之一定是看了《笔说》，已有了老成稳重的风格。”卫夫人流着泪说：“这孩子一定会比我还有名。”晋帝当时要到北郊去祭祀，让王羲之把祝词写在一块木板上，再派工人雕刻。刻字者把木板削了一层又一层，发现王羲之的书法墨迹一直印到木板里面去了。他削进三分深度才见底。木工惊叹王羲之的笔力雄劲、书法技艺炉火纯青，笔锋力度竟能入木三分啊！虽然这个传说本身有些夸张，但是用以比喻书法功力好和分析问题透彻却十分贴切。

“少说话，多做事”，要注意以下4个时间点：一是工作遇到困难时。工作中很少有一帆风顺的情况，而困难是普遍存在的。遇到困难时把牢骚、抱怨挂在嘴上，以博取别人的理解和同情，其实是你能力不足的表现。要养成独立解决问题的习惯，培养自我解决问题的能力。平时多和周围的同事、上司做好沟通工作，以及时获取他们的帮助，来解决你所遇到的困难。二是吃苦受累时。刚参加工作，你做的有些事可能是“费力不讨好”的工作。但是，若你到处去说加了多少次班，熬了多少个通宵，那倒显得庸俗了。聪明的人应该将多吃苦、多受累理解为提高自身素质的“磨刀石”。三是被误解后。除了阅历和工作经验的原因外，年轻人在职场中由于各种无端的理由被误解是常有的事情。这时，要有忍辱负重和顾全大局的精神，不要因为受到一点点不公就拍案而起，进而消极怠工。要相信大多数人是能够坚持真理主张正义的，别人误解了你，你可以在适当的时间、适当的地点做适当的解释，以澄清事实，达到增进团结的目的。四是工作有了一定的成绩时。初入职场，要善于守拙，善于推功揽过，心甘情愿地把工作成绩归功于上司和周围的同事。不要自我吹嘘、沾沾自喜，更不要美化抬高自己，自恃有功而傲视他人。等你有了能够承担责任和荣誉的资本的时候，你回头看一下就会明白：当时的那点

成绩跟现在根本没法相提并论!

另外，“少说话，多做事”还应当要注意避免以下四种倾向：一是做错了事一再表示道歉，而不付诸行动。犯错不可避免，但人们只关心你纠错的实际行动，而不是你道歉的次数。二是不懂装懂。倘若不懂装懂，假充内行不仅会贻误工作，还会授人笑柄，落得个不说真话说假话的名声。三是语言的巨人、行动的矮子。“言必信，行必果”，这是做人的起码准则。没有人喜欢只会夸夸其谈、纸上谈兵而做啥事都不成的人。四是“帮倒忙”。当同事对你的帮忙缺乏热情或刻意让你回避时，你的帮忙就成了多余的和无益的，这时你少帮忙或不帮忙倒有可能成为对同事的一种尊重。有时候，抑制你内心想表现自己的冲动，无为恰恰是有为，不帮忙可能是最好的帮忙。

七、每天都要激励自己

人生不如意事十之八九。初入职场，很多事情需要你独自去面对，但许多的烦恼也会随之而来。当没有人可以依靠的时候，哪怕再苦，再累，再痛，都要告诉自己别放弃，要坚强。每天都要激励自己，朝着既定的目标一直往前。

有一位年轻人在大学里上学，有一天他忽然发现，大学的教育制度有许多弊端，便马上向校长提出。他的意见没被采纳，于是他决定自己办一所大学，自己当校长来取消这些弊端。

办学校至少需要100万美元。上哪儿去找这么多钱？等毕业后去挣，那太遥远了。于是，他每天都在寝室内苦思冥想如何能有100万美元。同学们都认为他有神经病，做梦天上掉钱来。但年轻人不以为然，他坚信自己可以筹到这笔钱。

终于有一天，他想到一个办法。他打电话到报社，说他准备明天举行一个演讲会，题目叫《如果我有100万美元怎么办》。第二天他的演讲吸引了许多商界的人士参加，面对台下诸多成功人士，他在台上全心全意、发自内心地说出了自己的构想。

最后演讲完毕，一个叫菲立普·亚默的商人站起来，说："小伙子，你讲得非常好。我决定给你100万美元，就照你说的办。"

就这样，年轻人用这笔钱办了亚默理工学院，也就是现在著名的伊利诺伊理工学院的前身。而这个年轻人就是后来备受人们爱戴的哲学家、教育家冈索勒斯。

当你拥有太多的顾虑时，勇气就会离你而去，缺乏勇气就不会有行动，没有行动就没有进步，那你就永远不会取得成功！每天要用目标来激励自己，要相信自己的能力。每天进步一点点，不是做给别人看，也不是要跟别人交换什么，而是出于律己的人生态度和自强不息的进步精神，终将使你一生厚重而充实。

八、适时表现自己，缩短当“蘑菇”的经历

当“蘑菇”是很多年轻人初入职场时不得已而为之的事情，但如果你在“阴暗的角落里”待得太久，就很难引起别人的注意，他们会认为你只适合做那样的工作，任由你自由发展，难以向你委以重任。更糟糕的是，你自己也会逐渐认可现有的命运，久而久之，很容易被别人遗忘。

因此，虽然你很有能力，但默默无闻、埋头苦干在职场中绝对是不可取的，那样你就只能是一直当“蘑菇”下去。一个精明而有能力的人，一定会抓住机会来表现自己，缩短当“蘑菇”的经历。一般来说，你需要从以下五个方面做起：

（1）在公司例会或其他会议上，让上司和其他同事注意到你。要想取得别人的注意，你必须事先对会议的议题下一番功夫。表达自己的意见，可以是一句话、一个眼神、一个手势或一次点头，但在未经上司允许的情况下，切忌盲目发表言论而喧宾夺主。

（2）养成及时汇报的习惯。“早请示，晚汇报”是很多职场新人取得上司重视和信任的主要途径之一。这不但能让上司及时了解你的工作状况，还会让你的上司赢得你对他的尊重，对你的成长将是十分有益的。但是，“打小报告”是职场禁忌，就算你了解别人对上司或者其他同事的意见，也不能当流言的传播者。

（3）对工作中的朋友，不要期望值过高。组织是一个有共同目标的人组合在一起的集体，不要妄想在工作中找到真正的朋友，例外仅仅是小概率事件。但是，这跟你适时表现自己并不矛盾，既然你很有能力，要想取得别人的注意，你就不应有所顾忌。

（4）谁都不会比别人傻三分。自作聪明是职场的一大禁忌，适时表现自己切忌自作聪明，因为谁都不会比别人傻三分。在你的周围，一定聚集了智商、情商都相当的人群，若你自作聪明，那么最终会被别人当作笑料。职场中，“害人之心不可有，防人之心不可无”，但是，你也不要有心理负担，因为“不招人妒是庸才”。

（5）要有大局观，坦然面对变化。你站得多高，你看得就有多远。若你一直把自己当作一个办事员，那么你的视野也就在你工作范围内，超不出你所在的部门，更别提整个公司的经营和运作了。良好的心理素质和一定的预见性是有野心的人必须具备的，你若不能适应这个社会的变化，不善于抓住表现自己的机会，那么高薪、良好的社会地位将与你无缘。

第四章　必须掌握的应用软件

在学校里，可能你已经掌握了 Microsoft Office 的 Word、Excel、PowerPoint、Access 等办公软件的基础操作方法，也学习了诸如 Photoshop、AutoCAD、InDesign、CorelDRAW 等专业制图软件，甚至对 JAVA、C++、SQL Server、Visual Basic、Oracal、FoxPro 等编程语言或数据库也有所了解，但这些软件或数据库在职场中的实际应用，远比你在学校掌握的内容要复杂得多。除了用到专业的背景知识外，还要熟练应用相关软件解决实际问题的方法。例如，你可能会用 Excel 制作一些基本的表格、统计图和处理基本的数据，但对复杂的函数、分类汇总、数据透视表、VBA 编程等用得不是很多甚至没有什么了解。电脑作为现代办公所必备的设备之一，不是让你用来聊天、上网、玩游戏的，要想在职场中得心应手、事半功倍，熟练掌握一些与你所从事工作相关的行业应用软件是必不可少的。

职场中，对每个想提升自己综合能力的员工来说，比较常用的应用软件，莫过于统计软件、财务软件、制图软件。统计软件以 Excel、SPSS、EViews、SAS、R 为代表；财务软件以 Excel、用友 ERP、金蝶 ERP 为代表；制图软件以 AutoCAD、Photoshop、Visio 为代表。

下面简单介绍一下这三类软件的主流代表软件情况。

一、统计软件

在职场中，无处不数据。数据的重要性随着各种日益激烈的竞争也越来越凸显。然而，面对十分庞大的数据量，如何从数据中找到自己感兴趣的内容，或者说是如何从数据分析中得到结论，成为职场人士普遍关心的问题。在掌握了基本的统计知识后，借由统计软件对数据进行分析，你可以从纷繁无序、杂乱无章的数据中得出比较直观、可信的结果，也会令你的工作事半功倍。一张张漂亮的统计图和汇总表一定会让你的上司、其他同事对你刮目相看。

下面就对几种常见的统计软件进行简单的介绍。

1. Excel 在数据统计分析中的应用

在一般人眼里，Excel 不过是一种制作电子表格的软件，其实它有功能强大的函数、数据处理、数据分析等功能。其中，函数方面，若你会用 Excel 对数据进行求和、平均数、计数等基本的操作；数据处理方面，若你会用 Excel 进行排序、筛选、分类汇总、制作简单的图表等；数据分析方面，若你会用 Excel 按要求得出一组数据的平均值、最大值、最小值、众数、标准差等，

并绘制简单的直方图、散点图等，那么你只是对 Excel 有个入门的了解。但是，在职场中，你若想走得更远，就不得不对 Excel 进行系统的学习。

现在市面上有很多关于 Excel 学习的书，有很多是带光盘进行视频教学的，不妨买几本有针对性地进行学习。例如，人民邮电出版社的《Excel 函数与公式实战技巧精粹》《Excel 数据处理与分析实战技巧精粹》《Excel 高效办公——市场与销售管理（修订版)》《Excel 2010 数据透视表应用大全》《别怕，Excel VBA 其实很简单》《Excel VBA 实战技巧精粹》等都是由 Excel Home 网组织作者编写的。你也可以访问该网站或有关 Excel 学习的博客、论坛等进行函数、数据处理方法等的学习。由贾俊平、何晓群、金勇进编著，中国人民大学出版社出版的《统计学》一书，对数据的搜集、图标展示、概括性度量、概率论与数理统计、参数估计、假设检验、方差分析、回归分析、时间序列分析和预测、指数等进行了详细介绍，并且有大量的 Excel 统计分析案例，可以帮你从理论和实践方面对统计分析有个较深的认识。

Excel 的学习和应用相对比较简单，也容易被大众所接受，是进行数据分析首选的软件。一般的数据处理和分析要求，Excel 都能满足，得出的结果也容易嵌套到其他的办公软件中。但是，对大量数据的处理和深层次的分析，Excel 就不能满足了，必须借助专业的统计软件。

2. SPSS 在数据统计分析中的应用

SPSS（统计产品与服务解决方案，Statistical Product and Service Solutions）最初软件全称为“社会科学统计软件包”（Statistical Package for Social Sciences），是世界上最早也是应用最广泛的统计分析软件。SPSS 广泛应用于自然科学、技术科学、社会科学的各个领域，如通信、医疗、银行、证券、保险、制造、商业、市场研究、科研教育等多个领域和行业。它的自动统计绘图、数据的深入分析、使用方便、功能齐全等方面被人们高度评价和称赞。2009 年 7 月 28 日，IBM 以 12 亿美元现金收购统计分析软件公司 SPSS，之后更名为 IBM SPSS。

SPSS for Windows 的操作界面极为友好，集数据录入、整理、分析功能于一身。它以窗口方式展示各种管理和分析数据方法的功能，对话框展示出各种功能选择项，输出结果可以是图形、表格等。用户只要掌握一定的 Windows 操作技能和粗通统计分析原理，就可以使用该软件为特定的科研工作服务。SPSS 采用类似 Excel 表格的方式输入与管理数据，数据接口较为通用，能方便地从其他文本文件、Excel 表、其他数据库等读入数据。SPSS 统计分析过程包括描述性统计、均值比较、方差分析、判别分析、相关分析、回归分析、聚类分析、生存分析、时间序列分析、主成分分析和因子分析、质量统计控制、非参数统计、一般线性模型、对数线性模型等几大类，每类中又分好几个统计过程，比如回归分析中又分线性回归分析、曲线估计、Logistic 回归、Probit

回归、加权估计、两阶段最小二乘法、非线性回归等多个统计过程，而且每个过程中又允许用户选择不同的方法及参数。SPSS 也有专门的绘图系统，可以根据数据绘制各种图形。

SPSS 学习的图书也有很多，如电子工业出版社的《SPSS 统计分析方法及应用（第 3 版）》、清华大学出版社的《IBM SPSS 数据分析与挖掘实战案例精粹》、中国统计出版社的《SPSS 在商务管理中的应用》、中国人民大学出版社的《统计分析与 SPSS 的应用（第三版）》等。

若你能熟练运用 SPSS 处理并分析大量的数据，那么你一定会爱上它。当你对它产生爱恋的时候，你已经成为一个数据分析高手，在职场中你也会被视为受人瞩目的技术派。另外，若你再运用 SPSS Clementine 数据挖掘平台或 SPSS AMOS 建模工具，结合商业技术建立预测性模型，进而应用到商业活动中，以帮助改进决策过程，那么你绝对已经成为数据分析实力派人物了。

3. EViews 在数据统计分析中的应用

EViews 是 Econometrics Views 的缩写，直译为“计量经济学观察”，通常称为“计量经济学软件包”。计量经济学研究的核心是设计模型、收集资料、估计模型、检验模型、应用模型（结构分析、经济预测、政策评价）。EViews 是完成上述任务比较得力的必不可少的工具。使用 EViews 可以迅速地从数据中寻找出统计关系，并用得到的关系去预测数据的未来值。最早的 EViews 是专门为大型机开发的、用以处理时间序列数据的时间序列软件包的新版本。EViews 的运用领域并不局限于处理经济时间序列。EViews 的应用范围包括：科学实验数据分析与评估、金融分析、宏观经济预测、仿真、销售预测和成本分析等。

EViews 具有操作简便且可视化的操作风格，体现在从键盘或从键盘输入数据序列、依据已有序列生成新序列、显示和打印序列，以及对序列之间存在的关系进行统计分析等方面。EViews 软件在 Windows 环境下运行，操作接口容易上手，可以使用鼠标对标准的 EViews 的菜单、对话框进行操作。EViews 还拥有强大的命令功能和批处理语言功能，只需掌握基本的命令就可迅速实现类似菜单、对话框操作的功能。目前，EViews 已经出了 7.0 版，但比较常用的还是 5.0 版、5.1 版和 6.0 版。用户可以到人大经济论坛下载试用版。

学习 EViews 的图书也有很多，较为知名如高铁梅主编、清华大学出版社出版的《计量经济分析方法与建模——EViews 应用及实例（第二版)》，易丹辉主编、中国人民大学出版的《数据分析与 EViews 应用》，还有电子工业出版社的《EViews 统计分析与应用 200 分钟多媒体教学全程实录》、《EViews 统计分析与应用(修订版)》，等等。

相对于 Excel 和 SPSS，一般人认为 EViews 可能有点更加学术化，因为国内外很多论文和专著都用到了 EViews 进行分析。但 EViews 有着比前两种软件更加全面、直观的分析方法和结果输出功能。若你能在 EViews 的学习上下一番功夫，熟练运用它的主要分析方法，那么你离数据分析专家也就不远了。

4. SAS 在数据统计分析中的应用

SAS（Statistics Analysis System）最早由北卡罗来纳大学的两位生物统计学研究生编制，并于 1976 年成立了 SAS 软件研究所，正式推出了 SAS 软件。SAS 是用于决策支持的大型集成信息系统，但该软件系统最早的功能限于统计分析，至今，它还集商业智能、数据挖掘功能于一身，但统计分析功能也仍是它的重要组成部分和核心功能。SAS 是目前国际上最有影响的一种软件，用户遍及经济管理、商业金融、医学、教育、心理、生物、地理等各个领域。据报道，全世界 500 强企业有 80% 在使用 SAS，它已被誉为统计分析的标准软件。

SAS 系统是一个组合软件系统，它由多个功能模块组合而成。SAS 系统具有灵活的功能扩展接口和强大的功能模块，在 BASE SAS 的基础上，还可以增加如下不同的模块而增加不同的功能：SAS/STAT（统计分析模块）、SAS/GRAPH（绘图模块）、SAS/QC（质量控制模块）、SAS/ETS（经济计量学和时间序列分析模块）、SAS/OR（运筹学模块）、SAS/IML（交互式矩阵程序设计语言模块）、SAS/FSP（快速数据处理的交互式菜单系统模块）、SAS/AF（交互式全屏幕软件应用系统模块），等等。SAS 有一个智能型绘图系统，不仅能绘制各种统计图，还能绘制地图。SAS 提供多个统计过程，每个过程均含有极丰富的任选项。用户还可以通过对数据集的一连串加工，实现更为复杂的统计分析。此外，SAS 还提供了各类概率分析函数、分位数函数、样本统计函数和随机数生成函数，使用户能方便地实现特殊统计要求。

SAS 学习的图书，有人民邮电出版社的《SAS 应用统计分析（第 5 版）》、《SAS 统计分析与应用从入门到精通（第二版）》，电子工业出版社的《SAS 统计分析教程》、《SAS 9.2 从入门到精通》，机械工业出版社的《SAS 开发经典案例解析》、《SAS 编程与数据挖掘商业案例》，等等。

SAS 专业认证，由美国 SAS 软件研究所（SAS Institute Inc.）对申请人进行 SAS 专业认证，分为初级和高级两种。SAS 专业认证是一项拥有极高国际声誉的专业认证，获取了 SAS 全球专业认证，既是你自身技术能力的体现，也将帮助你开创美好的未来，在激烈的竞争中处于领先位置。在中国大陆，有 SAS 职业角色认证中心（网址为 www.sascertificate.com），设立了 5 个角色的定位：SAS 程序员、SAS 业务分析师、SAS 数据挖掘、SAS 系统开发专家和 SAS 系统管理专家。SAS 中国专业认证是公认的数据挖掘和商业智能领域的权威认证，在职场上流行一句话：如果你拥有一张 SAS 证书，你将永远不会失业（If you have a SAS certification, you will never lose your job）。

5. R 在数据统计分析中的应用

R 是一套完整的数据处理、分析和制图软件系统。R 是 S 语言的一种实现，而 S 语言是由 AT&T 贝尔实验室开发的一种用来进行数据探索、统计分析、作图的解释型语言。R 的功能包括：

数据存储和处理系统；数组运算工具（其向量、矩阵运算方面功能尤其强大）；完整连贯的统计分析工具；优秀的统计制图功能；简便而强大的编程语言：可操纵数据的输入和输出，可实现分支、循环，用户可自定义功能。

R 是一个免费的自由软件，它有 UNIX、LINUX、MacOS 和 Windows 版本，都是可以免费下载和使用的。在 R 主页（www. r－project. org）可以下载到 R 的安装程序、各种外挂程序和文档。R 的版本自 2. 2. 0 以后还可以选择中文作为基本语言，但专业的统计分析人员还是比较喜欢英文的工作环境。在 R 的安装程序中只包含了 8 个基础模块，其他外在模块可以通过 CRAN 获得。CRAN 为 Comprehensive R Archive Network（R 综合典藏网）的简称。它除了收藏 R 的执行档下载版、源代码和说明文件，也收录了各种用户撰写的软件包。

类似于许多以编程方式为主要工作方式的软件，R 的界面简单而朴素，只有不多的几个菜单和快捷按钮。快捷按钮下面的窗口便是命令输入窗口，它也是部分运算结果的输出窗口，有些运算结果则会输出在新建的窗口中。

学习 R 的图书，有吴喜之编著、中国统计出版社出版的《统计学：从数据到结论（第三版）》，高等教育出版社的《R 语言与统计分析》，机械工业出版社的《R 语言经典实例》《时间序列分析及应用：R 语言》，西安交通大学出版社的《ggplot2：数据分析与图形艺术》，等等。

在国际上，R 语言已然是专业数据分析领域的标准，很多国际知名的企业招聘数据分析师、数据挖掘师等都指明要精通 R 软件。在医药、金融、地理信息、统计图形、数据挖掘、高性能计算、社会学、生物信息学、互联网等多个领域，都可以看到 R 软件的身影。保守估计，全球范围约有超过 200 万名的数据分析师、统计学家等在应用 R 语言，并通过这个平台在企业中创造价值或节约成本。这些企业其中包括微软、谷歌 和 Facebook 等，甚至一些大型的制药企业，如辉瑞（Pfizer）、强生（Johnson & Johnson）等。若你立志在数据分析领域有所作为，或成为世界知名企业中的一员，那么就从学习 R 开始吧！

人大经济论坛、中国统计网、数据分析网、统计之都论坛等是国内比较知名的统计网站，有各种统计软件学习的学习资源，可以进行关注。

二、财务软件

1. Excel 在财务管理中的应用

在计算机已经相当普及的今天，会计电算化早已成为现实。虽然使用专业的财务会计软件是最好的选择，但是，中小企业受专业水平和经济条件的限制，利用 Excel 进行会计核算，能解决会计核算许多的电算化的问题。

用 Excel 不但可以计算工资、个人所得税，生成工资条、费用报销单，创建会计核算所需的各种报表，还能解决科目汇总表、

资产负债表、利润表、损益表和应收应付表等许多自动填表问题。Excel 还能应用于资金时间价值的计算，协助完成内部长期投资决策、证券投资分析与决策、投资项目的风险分析与处置、筹资预测与决策分析、流动资产管理、销售收入管理、成本费用管理、利润管理、财务报表分析与预测、企业价值评估，等等。

Excel 在财务管理中的应用学习图书，有人民邮电出版社的《Excel 高效办公——财务管理》《Excel 在会计与财务管理日常工作中的应用》《Excel 会计与财务管理从入门到精通（实用案例版)》、中国铁道出版社的《Excel 会计与财务管理从入门到精通》、北京希望电子出版社的《Excel 财务管理必须掌握的 208 个与 108 个函数》、机械工业出版社的《非常 Easy——Excel 财务高效管理》，等等。

“不想当将军的士兵不是好士兵”，不懂财务管理就别当老板。初入职场，你有必要通过学习 Excel 强大的函数、数据统计分析、关联数据库等功能，来了解凭证记录查询、本量利分析、采购成本分析、成本分析、投资决策、销售利润分析、往来账分析、销售预测分析、资产负债表对比分析、损益表对比分析、现金流量表对比分析等，并且可以使用 VBA 进行深入的开发，为你铺出一条职场上升之路。

2. 用友 ERP 在财务管理中的应用

用友软件股份有限公司是亚太本土最大的管理软件、ERP 软件、集团管理软件、人力资源管理软件、客户关系管理软件、小型企业管理软件、财政及行政事业单位管理软件、汽车行业管理软件、烟草行业管理软件、内部审计软件及服务提供商，也是中国领先的企业云服务、医疗卫生信息化、管理咨询及管理信息化人才培训提供商。中国及亚太地区超过 150 万家企业与机构使用用友软件，中国 500 强企业超过 60% 使用用友软件。

用友 ERP 是一套企业级的解决方案，满足不同的竞争环境下，不同的制造、商务模式下，以及不同的运营模式下的企业经营，实现从企业日常运营、财务管理、人力资源管理到办公事务处理等全方位的产品解决方案。其产品线有如下几种：

（1）企业、集团管理软件。面向大型企业、集团企业管理软件用友 NC 是为集团与行业企业提供的全线管理软件产品，用友 NC 率先采用 J2EE 架构和先进开放的集团级开发平台 UAP，按照“全球化集团管控、行业化解决方案、平台化应用集成”的设计理念而设计，目前形成了集团管控 8 大领域 15 大行业 68 个细分行业的解决方案，是中国大企业集团管理信息化应用系统的首选。

用友 NC6 实现了集团企业多级预算管理、全面风险与内控管理、全过程跨业务大数据的实时商业分析、以财务共享服务为中心的多级财务管理、实时监管多级控制的资金管理、全生命周期的集团资产管理、人力资本管理等功能；而在集团协同运营方面，平台则提供了统一营销管理、集团供应链、集团制造生产、项目管理、集团资产维修维护等全面解决方案。

（2）面向中型企业的管理软件。作为全球第一款完全基于

SOA 架构的世界级企业管理软件，用友 U9 面向快速发展与成长的中大型制造企业复杂应用，以“实时企业、全球商务”为核心理念，完全适应多组织供应链协同、多工厂制造协同、产业链协同、产品事业部和业务中心的管理模式，更能支持多生产模式的混合生产与规划、多经营模式的混合管理、精益生产、全面成本、跨国财务等深度应用，具有高度灵活的产品架构，帮助企业快速响应变化，支持经营、业务与管理模式的创新。目前，U9 作为多组织协同制造领域的 ERP 软件系统，已经有 500 家成功案例、36 个细分行业领域成熟方案、120 家可供参观体验样板用户。

用友 U8 产品线始终引领着国内中型企业信息化市场发展的潮流。历经 16 年，走过了财务业务一体化、U8ERP、U8All - in - One、U8 + 四个发展阶段，已经成长为亚太第一的中型企业管理软件和云服务平台。从 2004 年开启中国 ERP 普及时代，到 2010 年 U8 All - in - One 推动进入企业全面信息化时代，已经帮助 60 余万家企业实现了管理升级，并在企业成长发展、信息化人才培养等众多方面成为企业必备的管理信息化工具。

（3）面向小型企业的管理软件。用友 T6 针对中小企业，企业级应用——规范流程，提升效益。用友 T6 系列是面向成长型企业的一款企业级管理软件，是标准的 ERP 产品，涵盖了企业的财务、供应链、生产、HR、CRM、分销、BI、PDM 等管理领域，以及服装、汽配、餐饮酒店等行业，帮助中小企业规范管理流程。

T3 针对中小企业，部门级应用——规范管理，精细理财。用友 T3 系列为成长型企业提供易学习、易使用、易管理、性价比高的部门级管理软件，包括财务通、业务通、客户通、人事通、财税通、汽修通、出纳通、安全通、远程通等系列产品。T3 重点解决企业成长过程中存在的管理不规范。

T1 针对小企业，单项级应用——管好生意，轻松赚钱。用友 T1 系列是针对特定需求的单项级应用，为小型商贸企业提供简单、易用的进销存及钱流管理软件，包括商贸宝批发零售版、商贸宝连锁加盟版等通用软件，服装、食品、IT 通信等行业软件，即插即用的移动进销存软件 U 盘版；协助广大小企业老板管好生意，让其轻松赚钱，同时还提供小企业以及个人用户的可随身携带的财务软件记账宝产品。

此外，用友还拥有 CRM、用友 HR、用友 PLM、用友 UAP、用友 BQ、用友政务等 ERP 系统。

学习用友软件的图书也有很多，有经济科学出版社的《初级会计电算化（用友版）》、清华大学出版社的《用友 ERP－U8 财务管理实训教程》、人民邮电出版社的《用友 ERP 培训教程——财务核算/供应链管理/物料需求计划（第 2 版）》、电子工业出版社的《会计电算化（第 2 版）T3－用友通标准版》、中国财政经济出版社的《会计电算化（用友 U8. 72 版本）》，等等。用友 U8 论坛成立于 2010 年 9 月，是用友软件用户学习交流的一个平台，关于产品的交流、技术问题等都可以在用友论坛解决。

3. 金蝶 ERP 在财务管理中的应用

金蝶是中国软件产业领导厂商，亚太地区管理软件龙头企业，全球领先的中间件软件、在线管理及全程电子商务服务商。金蝶面向各种规模和不同行业的企业、政府及非盈利组织，提供管理软件、电子商务平台、支撑软件运行的系统平台和中间件产品，及运行软件相配套的消耗材料、设备等；拥有包括金蝶 EAS、金蝶 K/3、金蝶 KIS 等面向大中小型企业的 ERP 产品。同时，针对不同行业、领域的特点，金蝶还提供更具有针对性的行业产品，包括医疗卫生、零售连锁等 8 大行业。

（1）金蝶 EAS 是集团企业的一体化全面管控解决方案，适用于资本管控型、战略管控型及运营管控型的集团企业。金蝶 EAS 为资本管控型的多元化企业集团提供财务、预算、资金和高级人才的管控体系，为战略管控型的集团企业提供集团财务、企业绩效管理、战略人力资源、内控与风险的全面战略管控，为运营管控型的集团提供战略采购、集中库存、集中销售与分销、协同计划及其复杂的内部交易和协同供应链的集成管理。

（2）金蝶 K/3 是为中小型企业量身定制的企业管理软件。金蝶 K/3 集财务管理、供应链管理、生产制造管理、人力资源管理、客户关系管理、企业绩效、移动商务、集成引擎及行业插件等业务管理组件为一体，以成本管理为目标，计划与流程控制为主线，通过对目标责任的明确落实、有效地执行过程管理和激励，帮助企业建立人、财、物、产、供、销科学完整的管理体系。

（3）金蝶 KIS 是面向小微企业的日常经营管理信息化研发的一系列软件的总称。目前，金蝶 KIS 有记账王、迷你版、旗舰版、标准版、行政事业版、专业版、商贸版、店铺标准版等，软件种类齐全，能够全面满足小微企业的不同阶段、不同功能需求；帮助企业建立规范的业务流程，提升管理能力，降低管理、经营成本，增强企业竞争力生存力。2012 年，金蝶 KIS 产品采用最新的云计算、社交网络、移动技术，增加云管理服务功能应用，在原有软件的基础上开发了手机、iPad 等移动应用。新一代金蝶 KIS 软件实现了所有客户端的全覆盖，可以随时、随地处理业务并及时了解自己的企业经营、库存等数据；同时很多管理流程也可以在手机上直接完成。

学习金蝶 ERP 的图书，有人民出版社的《初级会计电算化（金蝶版）》、人民邮电出版社的《金蝶 KIS——财务软件培训教程》《金蝶 ERP - K/3 完全使用详解》、清华大学出版社的《金蝶 K/3 RISE 管理软件应用指南》、机械工业出版社的《金蝶 KIS 财务软件培训教程》，等等。金蝶产品论坛、金蝶 KIS 爱好者社区、金蝶之家交流论坛等，是金蝶软件用户学习交流的一个平台，关于产品的交流、技术问题等的解决都可以通过这些论坛、社区进行解决。

三、制图软件

若说 Microsoft 的 Word、Excel、PowerPoint 等办公软件可以制

作简单的图示用于普通的办公需求外，而要想获得专业级的效果，就得使用专业的制图软件了。下面就简单介绍3种比较常见的制图软件：

1. AutoCAD用于制图

AutoCAD（Auto Computer Aided Design）是美国Autodesk公司于1982年开发的自动计算机辅助设计软件，用于二维绘图、详细绘制、设计文档和基本三维设计。AutoCAD现已经成为国际上广为流行的绘图工具。AutoCAD具有良好的用户界面，通过交互菜单或命令行方式便可以进行各种操作。它的多文档设计环境，让非计算机专业人员也能很快地学会使用，在不断实践的过程中更好地掌握它的各种应用和开发技巧，从而不断提高工作效率。AutoCAD具有广泛的适应性，它可以在各种操作系统支持的微型计算机和工作站上运行。

目前，AutoCAD已经广泛应用于土木建筑、装饰装潢、城市规划、园林设计、电子电路、机械设计、服装鞋帽、航空航天、轻工化工等诸多领域。在不同的行业中，Autodesk公司开发了行业专用的版本和插件，例如，在机械设计与制造行业中发行了AutoCAD Mechanical版本；在电子电路设计行业中发行了AutoCAD Electrical版本；在勘测、土方工程与道路设计发行了Autodesk Civil 3D版本；而学校里教学、培训中所用的一般都是AutoCAD Simplified版本。一般没有特殊要求的服装、机械、电子、建筑行业的公司都是用的AutoCAD Simplified版本。

版本更新比较快，从1982年的AutoCAD 1.0版，到目前市场上通用的AutoCAD版本有2010、2011、2012、2013版，其功能也越来越丰富，界面也越来越友好。美国当地时间2013年3月26日，Autodesk公司通过网络广播发布消息，称其AutoCAD 2014系列的软件套件，建筑、产品、工厂设计、工程、建筑和基础设施，以及数字娱乐创作的预览版可以到公司网站下载。

一般来说，用户使用AutoCAD，主要出于以下目的：

（1）平面绘图。AutoCAD能以多种方式创建直线、圆、椭圆、多边形、样条曲线等基本图形对象。在绘图辅助工具方面，AutoCAD提供了正交、对象捕捉、极轴追踪、捕捉追踪等绘图辅助工具。正交功能使用户可以很方便地绘制水平、竖直直线，对象捕捉可帮助拾取几何对象上的特殊点，而追踪功能使画斜线及沿不同方向定位点变得更加容易。

（2）编辑图形。AutoCAD具有强大的编辑功能，可以移动、复制、旋转、阵列、拉伸、延长、修剪、缩放对象等。例如，标注尺寸：可以创建多种类型尺寸，标注外观可以自行设定；书写文字：能轻易在图形的任何位置、沿任何方向书写文字，可设定文字字体、倾斜角度及宽度缩放比例等属性；图层管理功能：图形对象都位于某一图层上，可设定图层颜色、线型、线宽等特性。

（3）三维绘图。可创建3D实体及表面模型，能对实体本身进行编辑。例如，网络功能：可将图形在网络上发布，或是通过网络访问AutoCAD资源；数据交换：AutoCAD提供了多种图形图像数据交换格式及相应命令；二次开发：AutoCAD 允许用户定制菜单和工具栏，并能利用内嵌语言 Autolisp、Visual Lisp、VBA、ADS、ARX 等进行二次开发。

AutoCAD 有很多的快捷键，使用快捷键可以方便快速地进行操作，提高效率。学习 AutoCAD 的图书，有化学工业出版社的《AutoCAD 2010 中文版入门与提高》、人民邮电出版社的《从零开始：AutoCAD 2007 建筑制图基础培训教程》《中文版 AutoCAD 2013 技术大全》、电子工业出版社的《AutoCAD 2012 中文版完全自学一本通》、清华大学出版社的《AutoCAD 2012 中文版从入门到精通》，等等。

如果你立志成为机械、建筑、电子、石油、化工、冶金、地理、气象、航海、拓扑、乐谱、灯光、幻灯、广告等领域的总设计师或者总工程师，那么，学习 AutoCAD 并成为高手是必须具备的本领。

2. Photoshop 用于制图、处理图片

Photoshop，简称“PS”，是 Adobe 公司旗下最为出名的图像处理软件之一。Photoshop 主要处理以像素所构成的数字图像，使用其众多的编修与绘图工具，可以更有效地进行图片编辑工作。Photoshop 不仅是一个很好的图像编辑软件，它在图像、图形、文字、视频、出版等各方面都有涉及。

2003 年，Adobe 将 Adobe Photoshop 8 更名为 Adobe Photoshop CS。2013 年，Adobe 公司推出了最新版本的 Photoshop CC。该版

本号称是 Adobe 公司历史上最大规模的一次产品升级，集图像扫描、编辑修改、图像制作、广告创意、图像输入与输出于一体的图形图像处理软件，深受广大平面设计人员和电脑美术爱好者的喜爱。

简单来说，用户可以通过 Photoshop 来实现以下的功能：

（1）平面设计。平面设计是 Photoshop 应用最为广泛的领域，无论是我们正在阅读的图书封面，还是大街上看到的招贴画、海报，这些具有丰富图像的平面印刷品，基本上都需要 Photoshop 软件对图像进行处理。

（2）修复照片。Photoshop 具有强大的图像修饰功能。利用这些功能，可以快速修复一张破损的老照片，也可以修复人脸上的斑点等缺陷。随着数码电子产品的普及，图形图像处理技术逐渐被越来越多的人所应用，如美化我们的照片、制作个性化的影集、修复已经损毁的图片等。并且，当前越来越多的婚纱影楼开始使用数码相机，这也使得婚纱照片设计的处理成为一个新兴的行业。

（3）广告摄影。广告摄影作为一种对视觉要求非常严格的工作，其最终成品往往要经过 Photoshop 的修改才能得到满意的效果。广告的构思与表现形式是密切相关的，有了好的构思接下来则需要通过软件来完成它，而大多数的广告是通过图像合成与特效技术来完成的。通过这些技术手段可以更加准确地表达出广告的主题。

（4）包装设计。包装作为产品的第一形象最先展现在顾客的眼前，被称为“无声的销售员”。只有在顾客被产品包装吸引并进行查阅后，才会决定是否购买，可见包装设计是非常重要的。图像合成和特效的运用使得产品在琳琅满目的货架上越发显眼，达到吸引顾客的效果。

（5）插画设计。Photoshop 使很多人开始采用电脑图形设计工具创作插图。电脑图形软件功能使他们的创作才能得到了更大的发挥，无论简洁还是繁复绵密，无论传统媒介效果，如油画、水彩、版画风格，还是数字图形无穷无尽的新变化、新趣味，都可以更方便、更快捷地完成。

（6）影像创意。影像创意是 Photoshop 的特长，通过 Photoshop 的处理可以将原本风马牛不相及的对象组合在一起，也可以使用“狸猫换太子”的手段使图像发生面目全非的巨大变化。

（7）艺术文字。当文字遇到 Photoshop 处理，就已经注定不再普通。利用 Photoshop 可以使文字发生各种各样的变化，并利用这些艺术化处理后的文字为图像增加效果。利用 Photoshop 对文字进行创意设计，可以使文字变得更加美观，个性极强，使得文字的感染力大大地加强了。

（8）网页制作。网络的普及是促使更多人需要掌握 Photoshop 的一个重要原因。因为在制作网页时 Photoshop 是必不可少的网页图像处理软件。

（9）后期修饰。在制作建筑效果图包括许多三维场景时，人物与配景包括场景的颜色常常需要在 Photoshop 中增加并调整。

（10）绘画。由于 Photoshop 具有良好的绘画与调色功能，许多插画设计制作者往往使用铅笔绘制草稿，然后用 Photoshop 填色的方法来绘制插画。除此之外，近些年来非常流行的像素画也多为设计师使用 Photoshop 创作的作品。动漫设计十分盛行，有越来越多的爱好者加入动漫设计的行列，Photoshop 软件的强大功能使得它在动漫行业有着不可取代的地位，从最初的形象设定到最后渲染输出，都离不开它。

（11）处理三维贴图。在三维软件中，即使制作出精良的模型，而无法为模型应用逼真的贴图，也无法得到较好的渲染效果。实际上在制作材质时，除了要依靠软件本身具有的材质功能外，利用 Photoshop 可以制作在三维软件中无法得到的、合适的材质也非常重要。

（12）视觉创意。视觉创意与设计是设计艺术的一个分支，此类设计通常没有非常明显的商业目的，但由于它为广大设计爱好者提供了广阔的设计空间，因此越来越多的设计爱好者开始学习 Photoshop，并进行具有个人特色与风格的视觉创意。使用 Photoshop 做视觉设计，可以给观者以强大的视觉冲击力，引发观者的无限联想和视觉上极高的享受。

（13）界面设计。界面设计是一个新兴的领域，已经受到越来越多的软件企业及开发者的重视，虽然暂时还未成为一种全新的职业，但相信不久一定会出现专业的界面设计师职业。当前还没有界面设计的专业软件，因此绝大多数设计者使用的都是该软件。

Photoshop 以其强大的功能和无与伦比的创造性令世人折服。

无论你从事何种职业，是产品经理、平面设计、艺术、摄影、多媒体，还是网页设计，都可以用 Photoshop 创造出令人瞩目的图像。并且，即便你是普通的职员，在工作中，也会经常对图片进行处理，而简单易学的 Photoshop 成为很多人的首选软件。

学习 Photoshop 的图书，有人民邮电出版社的《Photoshop CS6 完全自学教程》《Adobe Photoshop CS5 中文版经典教程》、科学出版社的《Photoshop 商业广告设计》、北京希望电子出版社的《中文版 Photoshop CS6 从入门到精通》、电子工业出版社的《Photoshop CS5 数码照片处理完全自学一本通》、中国青年出版社的《Photoshop CS6 平面广告设计经典 228 例》，等等。

此外，Adobe 公司还有 Adobe Illustrator 这一专业矢量绘图工具，是较多用于出版、多媒体和在线图像的工业标准矢量插画软件。还有 Adobe Indesign 这一综合的排版设计软件，多用于书籍出版领域，应用范围也可涉及版式编排的各种设计。

3. Visio 用于制图

在使用 Word 的时候，有些图片用 Word 做出来并不好看，这时候就需要用 Microsoft Visio 处理。Microsoft Visio 是 Windows 操作系统下运行的流程图和矢量绘图软件，它是 Microsoft Office 软件的一个部分。但 Visio 通常以单独形式出售，并不捆绑于 Microsoft Office 套装中。Visio 被广泛地应用于软件设计、办公自动化、项目管理、广告、企业管理、建筑、电子、机械、通信、科研和日常生活等众多领域。

Visio 能帮助你创建具有专业外观的图表，以便理解、记录和分析信息、数据、系统和过程。它有助于 IT 和商务专业人员轻松地可视化、分析和交流复杂信息。它能够将难以理解的复杂文本和表格转换为一目了然的 Visio 图表。该软件通过创建与数据相关的 Visio 图表（而不使用静态图片）来显示数据，这些图表易于刷新，并能够显著提高生产率。

大多数图形软件程序依赖于艺术技能，然而，使用 Visio 可以通过多种图表，包括业务流程图、软件界面、网络图、工作流图表、数据库模型和软件图表等直观的记录、设计，完全了解业务流程和系统的状态；并且，将图表链接至基础数据，以提供更完整的画面，从而使图表更智能、更有用。

目前，人们普遍使用的 Visio 有多个版本，如 Office Visio 2003（11.0，标准版、专业版）、Office Visio for 企业框架版 2005（VEA 2005）、Office Visio 2007（12.0，标准版、专业版）、Office Visio 2010（14.0，标准版、专业版、白金版）、Office Visio 2013（15.0）。

Visio 2013（标准版）适合寻找具有一组丰富的内置模具的强大图表制作平台的个人。它通过简单、易于理解的图表，帮助用户简化复杂的信息。它包括以下各项的模具：常规图表，如基本框图和框图；商业图表，如审计图、灵感触发图、市场营销图表和组织结构图；流程图，如基本流程图、跨职能流程图和简单工作流；地图和平面布置图；基本网络图形；计划图和日程表。

学习 Visio 的图书，有清华大学出版社的《Visio 2010 图形设

计从新手到高手》《Visio 2010 图形设计实战技巧精粹》、电子工业出版社的《Visio 2007 从入门到精通》、人民邮电出版社的《Visio 2007 宝典》、北京航空航天大学出版社的《Microsoft Office Visio 2007 使用与设计秘笈》，等等。

若你觉得学习 AutoCAD、Photoshop 等过于困难，那么学习并熟练应用 Office 大家族中的 Visio，绝对会让你的职场生涯充满色彩，一定会让你的上司、其他同事对你刮目相看。

第五章　企业文化之重

企业文化，或称组织文化（Corporate Culture 或 Organizational Culture），是一个组织由其价值观、信念、仪式、符号、处事方式等组成的特有的文化形象。企业文化是企业为解决生存和发展的问题而树立形成的，被组织成员认为有效而共享，并共同遵循的基本信念和认知。企业文化集中体现了一个企业经营管理的核心主张，以及由此产生的组织行为。

20 世纪 80 年代初，美国哈佛大学教育研究院的教授泰伦斯·迪尔和科莱斯国际咨询公司顾问艾伦·肯尼迪在长期的企业管理研究中积累了丰富的资料。他们在 6 个月的时间里，集中对 80 家企业进行了详尽的调查，写成了《企业文化——企业生存的习俗和礼仪》一书。该书在 1981 年 7 月出版，后被评为 20 世纪 80 年代最有影响的 10 本管理学专著之一，成为论述企业文化的经典之作。

已经有越来越多的企业重视企业文化的发展，因为它的意义确实十分重大：

（1）企业文化能激发员工的使命感。不管是什么企业都有它的责任和使命。企业使命感是全体员工工作的目标和方向，是企业不断发展或前进的动力之源。

（2）企业文化能凝聚员工的归属感。企业文化的作用就是通过企业价值观的提炼和传播，让一群来自不同地方的人共同追求同一个梦想。

（3）企业文化能加强员工的责任感。企业要通过大量的资料和文件宣传员工责任感的重要性，管理人员要给全体员工灌输责任意识、危机意识和团队意识，要让大家清楚地认识企业是全体员工共同的企业。

（4）企业文化能赋予员工荣誉感。每个人都要在自己的工作岗位、工作领域，多作贡献，多出成绩，多追求荣誉感。

（5）企业文化能实现员工的成就感。一个企业的繁荣昌盛关系到每一个公司员工的生存，企业繁荣了，员工们就会引以为豪，会更积极努力地进取，荣耀越高，成就感就越大，越明显。

近几年来，关于企业文化研究的理论和成功案例有很多，相关图书、论文等争相出版。无论是在理论界，还是在企业或者其他组织层面，对企业文化的追捧一度成为当前一大趋势。本书认为，企业文化就是针对企业内部员工制定的一系列“游戏”规则。你要想有所发展，那么你的行为必须遵守这些规则。

让我们先看一则寓言：

狮子让一只豹子管理 10 只狼，并给他们分发食物。豹子领到肉之后，把肉平均分成了 11 份，自己要了一份，其他给了10只狼。这10只狼都感觉自己的少，合起伙来跟豹子唱对台戏。虽然一只狼打不过强壮的豹子，但10只狼一齐上阵，豹子就没法应付了。于是，豹子灰溜溜地找狮子辞职。狮子说："看我的！"狮子把肉分成了11份，大小不一，自己先挑了最大的一份，然后傲然地对群狼说："你们自己讨论这些肉怎么分。"

为了争夺到大点的肉，狼群沸腾了，恶狠狠地互相攻击，全然不顾自己连平均的那点肉都没拿到……豹子钦佩地问狮子："这是什么办法？"狮子微微一笑："听说过绩效工资吗？"

无论是老板对员工，上司对下属，还是员工之间，都存在着各种各样的利益关系。现有的平衡，不过是各方相互博弈、相互妥协的结果。初入职场，可能你对各方面还充满着幻想，认为每个人都还像老师、长辈那样无微不至地关心你、照顾你，殊不知在一片大好的表象背后，很多人都是在默默"潜伏"，伺机而动。

人是社会型的动物。走出校门，你今后的三四十年大部分时间要和同事一起度过。也许你会一直在同一个单位工作直到退休，也许你会换几个工作，但与不同的人、同一个人不同的阶段等进行交往，除了要遵守做人的基本规则外，你还必须遵守企业的"游戏"规则，无论是明规则还是潜规则。

一、战战兢兢，如履薄冰

"战战兢兢，如履薄冰"，张瑞敏制定的海尔生存理念在企业界广为流传。当时，海尔的管理干部平均只有26岁，这个年龄，特别容易接受新生事物、敢打敢拼，但他们毕竟刚出校门两三年，在海尔又一帆风顺，容易麻痹与自满。当这种情绪汇聚起来，形成一种氛围，一旦遇上风浪，那就非常危险了。根据张瑞敏的提议，海尔的高层管理干部都必须研读郭沫若的《甲申三百年祭》，牢记盛极而衰的道理，保持清醒，增强危机感，上下携手同心，以逃出“周期率”的噩运。

若说海尔这种强烈的危机意识是一种企业文化，那么对于个人发展来说，竞争对手的存在，也是你自己不断成长、进步的动力。让我们先看一则著名的故事：

挪威人喜欢吃沙丁鱼，尤其是活鱼。由于市场上活鱼的价格要比死鱼高许多，因此渔民总是千方百计地想办法让沙丁鱼活着回到渔港。可是，虽然经过种种努力，绝大部分沙丁鱼还是在中途因窒息而死亡。

然而，人们发现，有一条渔船总能让大部分沙丁鱼活着回到渔港，为此获得了巨大的利润。但无论怎么问，船长都严格保守着这个秘密。直到船长去世，谜底才被揭开。原来是船长在装满沙丁鱼的鱼槽里放进了一条以沙丁鱼为主要食物的鲶鱼。鲶鱼进入鱼槽后，由于环境陌生，便四处游动。沙丁鱼见了鲶鱼十分紧张，左冲右突，四处躲避，加速游动。这样沙丁鱼缺氧的问题就迎刃而解了，沙丁鱼也就不会死了。这样一来，一条条沙丁鱼欢蹦乱跳地到达了渔港。

这就是著名的鲶鱼效应（Catfish Effect），也称鲇鱼效应（Weever Effect）。随着社会的逐步发展，鲶鱼效应被应用到了社会生活的各个方面。

1. 职场中的“鲶鱼”

一般情况下，很多中小企业是不愿意招聘应届毕业生的，主要原因是出于应届毕业生缺乏工作经验和企业没有专门的培训费用开支。很多企业的负责人会有这样的意识：我不可能为别的企业甚至是竞争对手培养新员工。然而，一些少数的企业领导层是那个掌握秘密的“船长”，他们广为招聘优秀的应届毕业生，把“鲶鱼效应”看成是激发现有员工活力的有效措施之一。

也许你曾经留意过一个现象：那些国际知名的大企业，每年都会到学校里招聘一定数量的应届毕业生，甚至是在毕业前一两年就会力邀学生到他们的企业去实习，以求毕业后留下优秀的人才。这样每年都会补充一定数量“新鲜血液”的计划，在很多跨国企业里早已形成一种企业文化，也是他们增强竞争力的主要途径之一。

团队管理是企业管理中很重要一项内容。无论是传统型团队，还是自我管理型团队，时间一长，其内部成员彼此都互相熟悉了，对待工作就有可能产生惰性，组织的活力也会大打折扣；尤其是一些老员工，工作时间长了就容易厌倦、懒惰、倚老卖老的情况，这不是一个追求效率和业绩的管理者希望看到的。企业要不断补充新鲜血液，把那些富有朝气、思维敏捷的年轻生力军

引入职工队伍中，甚至管理层中，给那些故步自封、因循守旧的懒惰员工和官僚带来竞争压力，才能唤起“沙丁鱼”们的生存意识和竞争求胜之心。

有一次，本田对欧美企业进行考察，发现许多企业的人员基本上由三种类型组成：一是不可缺少的干才，约占二成；二是以公司为家的勤劳人才，约占六成；三是终日东游西荡，拖企业后腿的蠢材，占二成。而自己公司的人员中，缺乏进取心和敬业精神的人员也许还要多些。那么如何使前两种人增多，使其更具有敬业精神，而使第三种人减少呢？如果对第三种类型的人员实行完全淘汰，一方面会受到工会方面的压力；另一方面，又会使企业蒙受损失。其实，这些人也能完成工作，只是与公司的要求与发展相距远一些，如果全部淘汰，这显然是行不通的。

后来，本田受到“鲶鱼效应”的启发，决定进行人事方面的改革。他首先从销售部入手，因为销售部经理的观念离公司的精神相距太远，而且他的守旧思想已经严重影响了他的下属。他必须找一条“鲶鱼”来，尽早打破销售部只会维持现状的沉闷气氛，否则公司的发展将会受到严重影响。经过周密地计划和不断地努力，本田终于把松和公司销售部副经理、年仅35岁的武太郎挖了过来。武太郎接任本田公司销售部经理后，凭着自己丰富的市场营销经验和过人的学识，以及惊人的毅力和工作热情，受到了销售部全体员工的好评，员工们的工作热情被极大地调动起来，活力大为增强。公司的销售出现了转机，月销售额直线上升，公司在欧美市场的知名度也不断提高。本田先生对武太郎上任以来的工作非常满意，这不仅仅是因为他的工作表现，还因为销售部作为企业的龙头部门带动了其他部门经理人员的工作热情和活力。

从此，本田公司每年重点从外部“中途聘用”一些精干的、思维敏捷的、30岁左右的生力军，有时甚至聘请常务董事一级的“大鲶鱼”。这样一来，公司上下的“沙丁鱼”都有了触电式的感觉，业绩蒸蒸日上。

任何事情都有两面性，“鲶鱼效应”在管理应用过程中的“副作用”也不可避免：

（1）引进“鲶鱼”的时机不当，最终打击团队成员的积极性，对组织失去信任。在实际工作中，他们会把对工作的积极性转化为破坏性行为，故意和公司对着干；核心型的骨干员工失去对未来的希望，集体离职；有丰富工作经验但年龄偏大的员工，虽不愿离职，但会消极怠工，真正变成“休克鱼”，“让能干的人（鲶鱼）去干吧”。

（2）引进的“鲶鱼”数量过多，对现有员工刺激过度，最终引起全体的恐慌，各种流言出现，小道消息、猜疑增加，加重员工心理负担。员工在工作同时还在提防“鲶鱼”，戒心增加，显然不利于整体工作的开展，对企业良好的文化将会造成破坏。

初入职场，也许你就是那些被引进的“鲶鱼”之一。面对工作经验和人生经历比你丰富得多的老员工，虚心学习和表现出应有的尊重是你最基本的态度，甚至必要时还要把你辛苦努力来的“功劳”拱手相让。若你想在职场上走得更远，“战战兢兢，如履薄冰”海尔的这一生存理念用在初入职场的新秀身上并不过分。在努力从全方面提高自己的同时，充分认识到自己要扮演的角色和应有的态度与行为，记住“千万别当那个倒霉的孩子”。

2. “穷寇莫追”新解

《孙子·军争》：“穷寇勿迫，此用兵之法也。”也就是说，不追无路可走的敌人，以免敌人情急反扑，造成自己的损失，也比喻不可逼人太甚。传统的理解，基本都是：所谓兵者，置之死地而后生。如果把敌军逼入绝境，敌人会背水一战，士气一定高涨，此时的敌人个个是猛虎，再对其追剿下去，势必对己方造成重大的伤亡。历史上也不乏各种各样惨痛的案例。

但是，若从“生于忧患，死于安乐”的角度来讲，敌人或者竞争对手的存在，或许是自己得以生存的必要条件。《史记·越世家》：“范蠡遂去，自齐遗大夫种书曰：飞鸟尽，良弓藏；狡兔死，走狗烹。”这句话对我国后代政治和社会生活的影响，无论怎么评价都不为过。

宋朝时，开国宰相赵普虽然读书不多，却是个非常有谋略的人，他辅佐了宋太祖赵匡胤和宋太宗赵光义，统一了大半个中国。然而，当宋朝只剩下最后一个强敌——北方的契丹时，赵普所有的谋略似乎都消失了，以至于对契丹的数次统一战争均告失败。在以后的日子里，宋朝一直受到威胁，不得不年年纳贡以求平安。赵普之后，宋朝的历任掌朝重臣无不心领神会，养敌自保，从不提出统一对方的良策。

明朝的开国功臣徐达也是一个攻无不取、战无不胜的军事统帅。但是，当他率兵攻取了北京及周边地区后，没有乘胜追击、顺势统一广大的蒙古地区，反而停滞不前，使元朝残部在蒙古地区得以死灰复燃，成为明朝数百年的威胁。后来流寇乍起，而朝廷派出的将领采取宋威曾经用过的策略，只追杀，不围堵，养贼邀功，反叛力量越来越多，致使明朝灭亡。

对那些养敌自保或养贼邀功的将军们来说，目标也恰在于此，那就是使自己参与博弈的代价尽可能减少，而使收益最大化。

在现代商业竞争中，类似的例子比比皆是。

在一般的消费者看来，可口可乐和百事可乐是饮料市场上两个水火不相容的对手。两家的市场竞争也可谓你死我活，似乎每家都希望对方忽然发生重大变故，而把市场份额拱手相让。但是多年来，这种局面让每一家都赚了个盆满钵溢，而且从来没有因为竞争而使第三者异军突起。

我们再来看看麦当劳和肯德基在市场上的布局，也许就更能明白这一点。麦当劳店开在哪里，肯德基店很快就会出

现在附近，形成一种十分默契的“遥相呼应”，很少有第三者在他们中间出现。两大巨头表面上的竞争关系，往往能够为他们排斥新进入的竞争者提供更多的策略选择。

在职场中，很多人也会把自己的竞争对手视为心腹大患，把他们当作眼中钉、肉中刺，做梦时也不忘除之而后快。其实，职场中还有一句俚语：“不怕神一样的对手，就怕猪一样的队友。”一个强劲的对手，可以激发你的斗志，让你的神经时刻保持着那份紧张，让你克服懒惰的情绪，不忘尽快提高自己，危机感的存在会更加激发你旺盛的精神和不屈的斗志。

3. 高度决定视野，眼界决定世界

中央电视台公益广告中有一段话十分经典：高度，决定视野；角度，改变命运；尺度，把握人生。一个人眼光的高低决定了他对事物的判断水准，也决定了一个人的命运。如果你站在较低的位置上，就很容易被各种事物错综复杂的表象所困扰，你往往会觉得处处都是问题，处处都有困难。年轻人要想让自己成长得更快，就不要做井底之蛙，因为“高度决定视野，眼界决定世界”。

有两匹马几乎同时出生，老大被一位农夫牵回家拉磨磨面粉，老二被唐僧牵去西天取经。多年后这两匹马又见面了，老大非常不服气，对老二说：“我在这十年内也是每天都在不停地走。没有比你少走一步，为什么到今天我还得不

停地走，否则主人就不给我饭吃？你也没有比我多走一步啊，为什么你从印度回来就被授予‘劳动模范’的光荣称号，还在河南的洛阳给你奖励了一座大宅子，叫白马寺。那么多人每天给你叩头供奉，你后半生就衣食无忧了，凭什么啊?！而且，在我看来，你还利用公款旅游了一把。”

这两匹马的命运怎么差这么大呢？

老二是这样回答老大的：“你在这十年内确实没比我少走一步，你确实很辛苦，我也确实利用公款旅游了一把。我们两个人的不同在于，你这十年内一直围着这一个点打转，所以距离是零；我随着唐僧师傅往一个方向不停地走，最终帮助师傅把经取回来了。我们就这一点不同，角度决定长度。”

“圈子”这个词语，近几年来被人们在各种范围内提起。“圈子”是指具有相同爱好、兴趣或者为了某个特定目的而联系在一起的人群。

对百姓而言，“圈子”只不过是个生活范围的概念。但在政治系统中，“圈子”却是一个官员安身立命的本钱，“一损俱损，一荣俱荣”。一个官员置身于这个系统中，或主动自觉加入一个圈子，或无意识地卷入一个派系，或纯粹是被别人当作是某某的“人”，多多少少都会被归类和贴标签。一个圈子就是一股政治势力，要想完全置事外，其结果很可能就是被边缘化了：上边没有人照顾你，下边也不会有人追随你，孤家寡人的一个，既成不了

气候，也就难以施展自己的抱负。对圈子的研究和经营，可以说是古代政治官员最重要的基本之一。小人物要选好圈子，设法投靠加入，并逐渐在其中提升自己的地位；大人物要组建经营自己的圈子，上下其手，形成自己的资本和势力；最高级的领导者（如皇帝）则要平衡好各种圈子：让其存在并竞争，但不能容忍其中一支势力太大而威胁到自己的地位。

职场内外，你所在的“圈子”，里面不光全是对你有正面帮助的人，还应该有一定数量的“鲶鱼”。因为心胸狭隘、贪图安逸、只看头顶一片天等都是职场的大忌。“鲶鱼”的存在，不光能提高你的警觉性，克服懒惰的天性，还能帮你开阔视野，激发你的潜能，在与对手不断的竞争中展现出你的精彩。

二、发泄需要渠道

凡是公司中有对工作发牢骚的人，那家公司或老板一定比没有这种人或有这种人而把牢骚埋在肚子里的公司要成功得多。这就是著名的“牢骚效应”。

霍桑实验是心理学史上最出名的事件之一。霍桑工厂是美国芝加哥西部电器公司所属的一个制造电话交换机的工厂，虽具有较完善的娱乐设施、医疗制度和养老金制度，但工人们仍愤愤不平，生产成绩很不理想。哈佛大学心理学系在梅奥教授的带领下，派出一个专家组对这件事展开了调查研究。经调查发现，厂家原来假定的对工厂生产效率会起极大作用的照明条件、休息时间及薪水的高低与工作效率的相关性很低，而工厂内自由宽容的群体气氛、工人的工作情绪、责任感与工作效率的相关程度却较大。

在他们进行的这一系列试验研究中，有一个“谈话试验”。具体做法就是专家们找工人个别谈话，而且规定在谈话过程中，专家要耐心倾听工人们对厂方的各种意见和不满，并做详细记录。与此同时，专家对工人的不满意见不准反驳和训斥。这一实验研究的周期是两年。在这两年多的时间里，研究人员前前后后与工人谈话的总数达到了两万余人次。

结果他们发现：这两年以来，工厂的产量大幅度提高了。经过研究，他们给出了原因：在这家工厂，长期以来工人对它的各个方面就有诸多不满，但无处发泄。“谈话试验”使他们的这些不满都发泄出来了，从而感到心情舒畅，所以工作干劲高涨。

企业需要员工之间产生彼此的认同、合作与信任。一起工作的人，可以不在同一间办公室中，但必须同心协力，才会形成有效运转的机构。然而，人是有欲望的动物，而工作占据了人们日常生活很大的一部分。对待工作，每个人都有着各种各样的愿望，无论是否符合实际，都希望能够实现，然而现实中真正能达成的却为数不多。人与人之间的隔阂、猜忌、怀疑与冲突，不仅会阻碍个人能力的充分发挥，更损害了团体绩效的产生。

一个管理比较规范的企业，会建立多种有效的沟通渠道，激励员工的工作热情，了解他们的需要与情感，并加以有效地疏导和牵引。有的可能是设立吸烟室或咖啡厅，让紧张的工作压力得以暂时、适度的释放；有的可能是定期组织全体员工或部门人员集体外出旅游，拉近员工之间彼此的距离；还有的企业设立了专门的“发泄日”，员工可以对公司同事和上级直抒胸臆，开玩笑、顶撞都是被允许的，而领导不许就此迁怒于人……

含蓄和善于忍让是很多人共有的特点。若你在工作中受到了不公正的待遇，而你所在的企业又有让你发泄的渠道，那么恭喜你，你所在的平台将为你的成长提供很大的帮助。你会变得越来越豁达，成功也不会离你太遥远。然而，你所在的公司也许是个中小型企业，没有完善的制度和设施等供你发泄工作中产生的各种牢骚，你很多时候不得不选择逃避和生闷气来解决。久而久之，自信和自尊也会离你远去，棱角迟早会被磨平，逆来顺受便会成为你的价值观。在这里，你要注意：不满情绪时常伴随着疾病，把不满情绪通过适当的方式发泄出去，不仅对工作有利，而且对我们的身体也是有利的。

古时有个人，生气时常绕着自己的房子和土地跑圈。有人问他为什么，他说：“我一边跑一边想，自己的房子这么小，土地这么少，哪有时间和精力去跟人家生气呢？一想到这里，我的气就消了，气一消我就有更多的时间和精力去干活了。”到了晚年，他的房子越来越大，可生气时他还是绕着自己的房子和土地跑圈。他孙子问：“阿公，你现在年纪这么大了，又有了这么多钱，为什么还要这样呢？”他笑着说：“我一边跑一边想，我房子这么大了，土地这么多了，又何必跟人家计较呢？一想到这里，我的气就更没了。”

三、鼓励参与的工作氛围

美国著名企业家 M. K. 阿什认为，“每个人都会支持他参与创造的事物。”也就是说，参与是支持的前提，因为凡是人们最关心的，人们往往也乐于为它操心。

很多大型企业，尤其是制造性行业的大企业，鼓励员工在诸如优化产品设计、提高产品质量、降低产品成本及增进福利等经营管理方面出谋献策，在长年的实际运作过程中，已经成为企业文化不可或缺的一部分。因为管理层认为，员工参加决策与管理，可以全面地动员企业全体员工的积极性和创造性，集思广益；当员工亲自参加企业制度目标的制定后，无疑会感到自己为目标的达到负有责任，并以极大热情投入工作。并且，员工更多地关心和参与企业管理，可以强化员工的主人翁意识，从而达到留住人才、稳定员工队伍的目的。

国内外许多企业都已经认识到了员工参与对企业的重要性，

纷纷推出了各种员工参与决策或管理的方式，取得了很好的效果。

美国通用电气公司是一家集团公司，1981 年杰克·韦尔奇接任总裁后，认为公司管理人员太多，而会领导的人太少。韦尔奇认为，员工们对自己的工作会比老板清楚得多，经理们最好不要横加干涉。于是，他开始在通用实行了“全员决策”制度，使那些平时没有机会互相交流的职工、中层管理人员都能出席决策讨论会。全员决策的开展，打击了公司中官僚主义的弊端，减少了烦琐程序。在这项制度实行后，通用公司在经济不景气的情况下取得了巨大进展，保持了连续的盈利。

丰田汽车公司为了调动员工参与管理，在总厂及分厂设了 130 多处绿色的意见箱，并备有提建议的专用纸，每月开箱 1 ~3 次，建议被采纳后进行奖励。这种做法开始实行后，仅 1980 年一年公司便有 859000 条建议，比 1979 年增长 50%，建议采纳率是 93%，付出的奖金达 9 亿日元。据统计，在丰田公司实行这项制度的 35 年间，员工们提出的建议共有 442 万条。丰田有 45000 名从业人员，平均每人提 100 条建议。这些建议即使不被采用，丰田的有关部门也付以 500 日元作为“精神奖”，给予奖励。现在，丰田对最高的“合理化建议”的奖金可高达 20 万日元。此外，对技术上的重大革新创造，丰田自然另有重奖。公司还设有专人负责收集、整理合理化建议，研究其可用价值，评级发奖，并尽快采用。在这种员工普遍参与决策和管理的氛围下，经过半个世纪的经营，丰田公司已成为日本汽车制造业中规模最大的生产厂家，生产量为日本之冠，已挤入世界汽车工业的先进行列，仅次于美国的通用汽车公司，居世界第二位。

初入职场，你很有激情和愿望，急于成为企业核心成员的代表。鼓励参与的工作氛围，这一可以帮你把梦想实现的企业文化，一定会让你以管理者的身份约束自己、表现自己、以忠诚和长期不懈的工作回报企业。

四、用人不疑，疑人不用

美国内陆银行总裁 D. 拜伦曾提出一条著名的法则：授权他人后就完全忘掉这回事，绝不去干涉。《三国志·魏书·郭嘉传》：“用人无疑，唯才所宜。”宋代欧阳修《论任人之体不可疑札子》：“任人之道，要在不疑。宁可艰于择人，不可轻任而不信。”

一个成功的领导者十分懂得“用人不疑，疑人不用”的道理，他会最大限度地利用其下属的能力，并全力支持而不是干涉下属。因为权力的适当下移，会使权力重心更接近基层，更容易激发下属人员的工作热情。大量的实践证明，领导者抑制自己干涉的冲动反而更容易使下属完成任务，同时这也是区分将才和帅

才的重要标志之一。

有一本叫《把信送给加西亚》的书，这本美国人100多年前写的书只讲了一个简单的故事：

> 当美西战争爆发后，美国必须立即跟抗击西班牙的军队首领加西亚取得联系。加西亚在古巴丛林的山里——没有人知道确切的地点，所以无法带信给他。美国总统必须尽快地获得他的合作，有人对总统说："有一个名叫罗文的人，有办法找到加西亚，也只有他才找得到。"他们把罗文找来，交给他一封写给加西亚的信。罗文拿了信，把它装进一个油纸袋里，封好，吊在胸口。三个星期之后，他徒步走过一个危机四伏的国家，把那封信交给了加西亚。有意思的细节是，当时，美国总统把信交给罗文，而罗文接过信之后，总统并没有问罗文加西亚在什么地方，该怎样去找他。当时，罗文也不知道加西亚藏身的确切地点。但是在他接过这封信的时候，他就以一个军人的高度责任感接过了一个神圣的任务。他什么也没有说，他所想到的只是如何把信送给加西亚。

初入职场，年轻人所需要的不仅仅是书本的知识和他人的谆谆教导，更需要一种孜孜不倦的敬业精神。要像罗文一样，当老板或上司交代给自己一项任务后，即使老板不在，也要以目标为导向，圆满地完成任务。

当你逐步成长为部门主管或更高级的领导时，也要学会"用人不疑，疑人不用”。因为授权以后决不去干涉，是一种自信的表现，是一条事业的成功之途。授权后，你通过对下属的观察和监督，能拓宽自己的眼界，也更清楚自己的目标所在，从而能高瞻远瞩。你的下属由于感到受重视、被信任，从而会有强烈的责任心和参与感。这样，整个团体就能同心合作，人人都能发挥所长，组织才有新鲜的活力，事业方能蒸蒸日上。

五、领导太多，员工不够用了

在国内某些企业，某一个领导岗位，一正两副或一正三副算是比较正常的，毕竟正职需要统筹全局，一般只抓财权、人权，其他的管理工作需要两到三个副职进行相应的分担。然而，很多情况下，由于各种各样的原因，无论是企业的最高层，还是中层管理者，都存在着一正多副的情况，这个“多”，是不止三个，有时甚至更多。更有甚者，在某些企业，某个部门里都是领导而没有员工或仅有一两个临时工性质的员工。

机构臃肿是很多企业尤其是某些垄断性企业的通病。工作效率低下、遇事推诿扯皮、内耗严重等是这些企业主要的外在表现。并且，在人数最为众多的中层管理者身上，这些现象表现得更为淋漓尽致。

20 世纪 80 年代，联合航空公司的董事会主席爱德华·卡尔，曾经为该公司提出了著名的“水漏理论”。他认为在大多数公司里，中间管理者除了做一些“整理工作”之外，如阻止一些观点

向上传和阻止一些观点向下传，其他真的没有什么太大作用。他把中间管理人员比作是一块海绵，如果中间管理人员少一些，许多亲身实践者就更能够发挥作用。汤姆·彼得斯对这种“水漏理论”大加赞扬，包括福特汽车公司在内的许多大公司都曾实践过这种“削减中层管理阻力”从而让组织更简单化的理论。

在这样机构臃肿的单位，若你是一个聘用制的非在编人员，你是很难找到出头之日的机会的。工作时，多用心积累工作经验和阅历，除非你成为了本单位不可或缺的核心技术型或核心业务型人才，否则，尽早跳槽也许是你追求更高目标的唯一选择。

第六章　选择，无处不在

一、选择是一种必然

很多时候都听到过这样的抱怨：路是自己选的，怨不得别人。这是一种无法改变现实的无奈。人生短短几十年，但无时无刻不在进行着选择。对于那些在困惑中等待、在寂寞中煎熬、在苦闷中煎熬的人来说，人生相当漫长，有人甚至不得不选择自我解脱的途径，以结束曾经和眼前的一切。但对于那些一帆风顺、春风得意、利欲熏心的人来说，从未感到过知足，总在感慨光阴是如何苦短，岁月又是何等的匆匆，甚至想方设法不从现有的位子上退下来。人的一生中，总是会有几次能让你改变现有命运的机会，然而真正把握命运，需要你作出选择。

人是自然的产物，又是社会的产物。一个人的地位、对待生活的态度、与他人交往的方式、对未来的看法等，都是在选择的基础上进行的。理想抱负是一个人前进的动力，奋斗能使人产生激情和勇气，而选择才能让人最终取得成功。那些在各自领域取得成功或获得胜利的人，无不是强者和智者，在深思熟虑的基础

上，不断摸索和尝试，找准了自己的位置，持之以恒地为之奋斗下去，最终达到令人称赞的光辉顶点。

早期的人们单纯朴素，思想意识、价值观念都很朴实无华，但面对纷繁复杂的现代社会，即便是人类最基本的本能和道德观念，在选择面前，人们也不得不艰难思索一番。且不说掉在地上的钱包捡不捡、摔倒的老人扶不扶、迷途的孩子送不送等，在这个时代里，总是让人既充满希望又感到迷茫，进行选择时也要承担各种精神压力。也有人把希望寄托在命运之上，把选择看作是命运的安排。其实，认识自我是一件十分困难的事情，但选择是自己主宰的，那么命运也应该掌握在自己的手中。

职场是人生重要的生存空间。要想在职场中好好生存下去，就必须找到自己的位置，必须付出各种艰苦的努力和进行艰难的选择。只有找到了自己的位置，才能得到职场的公正评价和认可。在职场中，不乏那些没有找对自己的位置，艰苦奋斗一生，对人对己都造成了巨大伤害和损失的人。因此，在职场里，要想好好生存、走得更远，就必须不断地进行探索，找到真正属于自己的位置，放弃那些不切实际的想法，远离虚无缥缈的诱惑。

二、命运要靠自己来主宰

有位哲学家说：人的一生除了自己的父母无法选择之外，其余的一切都是可以选择的。

1978 年，75 位诺贝尔奖获得者在巴黎聚会。

人们对于诺贝尔奖获得者非常崇敬，有个记者问其中一位："在您的一生里，您认为最重要的东西是在哪所大学、哪所实验室里学到的呢？"

这位白发苍苍的诺贝尔奖获得者平静地回答："是在幼儿园。"

记者感到非常惊奇，又问道："为什么是在幼儿园呢？您认为您在幼儿园里学到了什么呢？"

诺贝尔奖获得者微笑着回答："在幼儿园里，我学会了很多很多。例如，把自己的东西分一半给小伙伴们；不是自己的东西不要拿；东西要放整齐；饭前要洗手；午饭后要休息；做了错事要表示歉意；学习要多思考，要仔细观察大自然。我认为，我学到的全部东西就是这些。"

所有在场的人对这位诺贝尔奖获得者的回答报以热烈的掌声。

在这位科学家看来，从幼儿开始，选择正确的方向十分重要，这样可以在改造和完善自身时，把命运掌握在自己的手中。

那些相信"人的命天注定"的人，把命运看成是人生命里注定的运气和机缘，人本身是无法选择的，只能按照命运的安排行事，切不可违背命运的安排。这种宿命论的观念，最终只能会导致悲观主义和无所作为。命运其实是人生中出现或遇到的各种事件和机会，能够对人生产生深刻的影响，以致改变人的生活或态度。现实中，有太多的凭借自身的刻苦努力，不断与命运做斗争，真正成为命运主宰者的案例。

他5岁时就失去了父亲。

他14岁时从格林伍德学校辍学开始了流浪生涯。

他在农场干过杂活，干得很不开心。

他当过电车售票员，也很不开心。

16岁时他谎报年龄参了军，但军旅生活也不顺心。

一年的服役期满后，他去了阿拉巴马州，在那里他开了个铁匠铺，但不久就倒闭了。

随后他在南方铁路公司当上了机车司炉工。他很喜欢这份工作，他以为终于找到了属于自己的位置。

18岁时他结了婚，仅仅过了几个月时间，在得知太太怀孕的同一天，他又被解雇了。

接着有一天，当他在外面忙着找工作时，太太卖掉了他们所有的财产，逃回了娘家。

随后大萧条开始了。他没有因为总是失败而放弃，别人也是这么说的，他确实非常努力了。

他曾通过函授学习法律，但后来因生计所迫，不得不放弃。

他卖过保险，也卖过轮胎。

他经营过一条渡船，还开过一家加油站。但这些都失败了。

有人说，认命吧，你永远也成功不了。

有一次，他躲在弗吉尼亚州若阿诺克郊外的草丛中，谋划着一次绑架行动。

他观察过那位小女孩的习惯，知道她下午什么时候会出来玩。他静静地埋伏在草丛里，思索着，等着她在下午两三点钟从外公的家里出来玩。

尽管他的日子过得一塌糊涂，可在此之前他从来没有过绑架这种冷酷的念头。然而此刻他借着屋外树丛的掩护，躲在草丛中，等待着一个天真无邪、长着红头发的小姑娘进入他的攻击范围。为此他深深地痛恨自己。

可是，这一天，那位小姑娘没出来玩。因此他又一次失败了。

后来，他成了一家餐馆的主厨。但一条新修的公路刚好穿过那家餐馆，他又一次失业了。

接着他就到了退休的年龄。

他并不是第一个，也不会是最后一个到了晚年还无以为荣的人。

幸福鸟，总是在不可企及的地方拍打着翅膀。

他一直安分守己——除了那次未遂的绑架，但他只是想从离家出走的太太那儿夺回自己的女儿。不过，母女俩后来回到了他的身边。

时光飞逝，眼看一辈子都过去了，他却一无所有。

要不是有一天邮递员给他送来了他的第一份社会保险支

票，他还不会意识到自己老了。

那天，他身上的什么东西愤怒了，觉醒了，爆发了。

政府很同情他。政府说，轮到你击球时你都没打中，不用再打了，该是放弃、退休的时候了。

他们寄给他一张退休金支票，说他“老”了。

他说：“呸!”

他收下了那105美元的支票，并用它开创了新的事业。

而今，他的事业欣欣向荣。

而他，也终于在88岁高龄时大获成功。

这个到该结束时才开始的人就是哈伦德·山德士——肯德基的创始人。他用他第一笔社会保险金创办的崭新事业正是肯德基家乡鸡。

无论是面对好运，还是面对坏运，保持沉着冷静的头脑十分必要。在经过科学的分析和冷静的思考后，并经过认真的评估，才能作出正确的、恰当的选择。“祸兮福所倚，福兮祸所伏。”即使是在巨大的危机之下，也会蕴藏着巨大的机遇。要相信：即使上帝关上所有的门，也会给你留一扇窗。

即使真的存在命运，那也是机遇的偶然性和必然性的结合。若真有“天上掉馅饼的事情”砸到你头上，也先不要盲目乐观，殊不知“占小便宜吃大亏”，很多精心设计的骗局往往都是从糖衣炮弹开始的。武侠小说、穿越小说里讲的故事，也就只能出现在小说里，给人以心理上的安慰和满足而已。古往今来，通过偶然事件走向成功的案例并不多见，多见的倒是那些怀才不遇、避世归隐的人。

初入职场，一般人还没有形成自己的思想，很多时候都是在随性做事。随着社会的阅历增加，与在学校时学习的理论、父母和朋友的言传身教逐渐结合，才开始树立较为贴合实际的世界观和人生观，一般在35岁之前就较为稳固了。在这个时期，需要经历大大小小的人生选择和对选择的修正，从而决定你的人生道路和未来走向。个人主义、唯意志论是你成长的绊脚石。通过不断的自我发现和领悟，你对命运的认识会越来越透彻，从而带领你作出正确的选择，走向一个辉煌的人生之旅。

三、成功者的个性特征

什么是成功？通俗来讲，成功就是达成所设定的目标。对一个人来说，成功其实是一种感觉，可以说是一种积极的感觉，是达到自己理想之后一种自信的状态和一种满足的感觉。

历史上的每一位成功者，他们所选择的道路各不相同，并且每个人都有明显的个性特征，但他们所具备的引导他们成功的因素是大致相同的。一般来说，有以下的几个方面：

1. 坚定的理想追求

成功者必然都有坚定的理想追求，这是他们走向成功必不可少的重要因素之一。一个缺乏坚定的理想追求的人，最终势必一

事无成；即使他偶有一点小成就，也不过是昙花一现。

2. 广博的知识构成和良好的修养

知识就是力量，拥有广博的知识是一个人走向成功必不可少的又一重要因素。那些在某一领域有所作为的人，其知识构成绝对是十分广博的。也许会有人有疑问，那些发家致富的大老板，为什么很多人连小学都没毕业？殊不知，高学历并不代表知识的广博，而知识也不全体现在你上了多少学、受到了多么好的高等教育。社会也是一所大学，那些学历并不高的大老板，即使对最基本的“游戏规则”也无不用到极致，并且他们对人才的培养和使用，绝对超过很多高学历的人士。

许多的领袖人物、知名企业家、著名学者、行业明星等给人留下深刻的印象，除了他们所做的事情让普通人钦佩外，他们良好的修养也是其形成卓越形象不可忽视的因素。这些人大都处世不乱、头脑精明、气场强大。他们在获得巨大成功的同时，也塑造了完美的自我形象。

3. 社会背景

《人民论坛》杂志曾做过一次调查：您认为自己是“草根”出身吗？有89.6%的受调查者认为自己是“草根”出身，选择“不好说”的为5.6%，选择“不是”的仅为4.8%。其中，党政干部、专家学者、白领职员等精英群体自认“草根”的比例均超过八成。在普通人眼中，这些作为成功人士及成功人士“后备军”的典型群体，自认“草根”的平均比例都超过八成，充分说明当前“草根”成功的机遇普遍存在。

对于成功，很多人从小就被灌输过“劳心者治人，劳力者治于人”的观念。这样的想法固然有道理，但在它影响之下却诞生了大批眼高手低、只想“劳心”不愿“劳力”的人。很多名牌高校毕业的大学生是这样，频繁辞职的跳槽狂人们是这样，找不到工作一味啃老的那些人也是这样。当今社会，初入职场，没有最基层的工作经验，没有最基本的人生历练，没有哪个老板会让你去做指挥千军万马的职场将军。也正是如此，要想成功，你必须从“劳力者”做起，充分积累工作经验和人生阅历，然后才能从“劳力者”成功过渡为“劳心者”。成龙曾经教育他的徒弟们扮演“死尸”一类龙套角色时，要充分利用片场资源去观察、去学习，不然的话，他们就真的一辈子只能扮演“死尸”了。在这个各方面日益成熟和纷繁复杂的社会里，你需要准确把握自己的人生，用坦诚的心态、豁达的眼光去了解社会，了解自己，为自己的成功做好一切准备。

4. 坚强的意志力和百折不挠的奋斗

没有人能随随便便就成功。坚强的意志力和百折不挠的奋斗也是一个人成功不可或缺的因素。墨子说：“志不强者智不达，言不信者行不果。”历史上的有作为者，是惊人的意志和痛苦的选择并为之奋斗而让他们一往无前；无所作为者，是意志薄弱和无所适从让他们举步不前甚至在倒退。

在人生的十字路口，往往必须作出一番艰难的选择，有时甚至是一件极其痛苦的事情。凡有所作为者，他们所作出的选择，除了适应当时的社会条件，从而得到社会的认可，也与他们自身的条件相符合，即使是在当时看来有的可能是十分痛苦的事情，但从发展的眼光看待，其坚强的意志力和百折不挠的奋斗而最终取得成功是建立在当时选择基础上的。要想在这个社会里生存下去或者要在某一领域取得成功，就必须不断地适应社会，不断地修正自己的选择，因为这是一个人自我认识、自我发现、自我完善的必由之路。

职场生活是人生的重要一部分，你也必然在其中面临各种选择。从当初找工作，到工作岗位的适应、在职学习，再到以后可能还要面临的职位变动，甚至是工作单位的变动，等等，无不在选择中进行。你的个人出身、家庭、兴趣、理想、经历等都可能会对你的选择产生影响，并且有的因素还可能起到主要的作用。你为理想而奋斗的过程，也是你闪烁人生光芒的时刻。若你能够达到为目标而形成“不计较一城一地的损失”的大局观念，那么你离成功也就不远了。

在这个变革的时代，个人的选择在各个方面都体现了明显的新时代精神特征。大批的“80后”“90后”是职场中最具活力的生力军。他们喜欢自由奔放，追求个性解放，爱于表现自我，以求实现其人生价值。工作时，他们充满激情，这一人生奋斗的兴奋剂也必将带领很多人在追求事业成功的道路上一往直前。

四、拒绝平庸，追求卓越

一个人可以平凡，但不能平庸。十多年的学校学习，很多人也许养成了任由别人给安排好一切的习惯，而不去创新和寻找自我突破。走出校门进入职场后，随着慢慢地适应，很多人变得不思进取，而甘于现状。这也很容易解释为什么很多在学校时的成绩尖子却成了职场中的平庸之辈。

当年轻的富兰克林尚在费城为挣得一个立足之地而苦苦挣扎时，那里精明的商人已经预测到：即便富兰克林现在囊中羞涩，生活困顿，吃饭、睡觉、工作都是在同一间小屋，但这个年轻人必定前程无限，因为他是如此全身心地投入工作，如此渴望着大展宏图，如此地乐观自信。他经手的每一件事都能做到尽善尽美，这些都预示和象征着他未来的作为不可限量。当他还只是一个学徒期刚满的印刷工人时，他的工作质量就已经远远地超过别人了，而他的排版系统甚至比雇主的还要先进，人们纷纷预测有朝一日他肯定能取而代之，拥有自己的企业——历史证明他的确做到了这一点。

360董事长周鸿祎喜欢总结，精于反思。在他第一本授权的传记《拒绝平庸》里，传达出了他对产品经理的看法，很值得初入职场的人学习。周鸿祎总结出一个优秀产品经理的四点心得：

（1）要用心。只要用心，只要努力，哪怕是一个外行，也能够成为专家。

（2）将心比心，学会从用户角度看问题。我们做产品，无论有多么好的技术，有多么好的设计，最终评价好还是不好的，是用户，不是产品经理、行业专家，更不是老板。

（3）处处留心，寻找改善用户体验的机会。一个优秀的产品经理，他的头脑是开放的，他的视野并不局限在自己的行业和产品上。

（4）脸皮厚，不怕骂，没心没肺。一个优秀的产品经理，最重要的素质就是要具备强大的心理素质，不怕骂，而且善于从骂声中找到改善产品的机会。

职场中，还有一种情况十分常见。随着时间的流逝，“家—单位”两点一线的平庸生活让很多人深陷其中而不能自拔。迫于各种压力，工作成了很多人最主要的生活方式，似乎除了工作外就没有别的事情可做。宅男、宅女，甚至变成剩男、剩女，让不少长辈很不解。网络上曾流行这么一句话：“00后的开始恋爱了，90后的却开始离婚了，80后的还在单身。”其实，工作不过是生活的一部分，职场内外，一个人应该善于反思并充实自己，而不应该把自己局限在为工作而工作。

第七章　理财越早越好

一、为什么“理财越早越好”

众所周知，通货膨胀是人们财富日益萎缩的“头号帮凶”。20 年前的“万元户”，若按活期存款存到现在，剩下的钱估计还不到一个三口之家一个月的开销。10 年前手头的 30 万元可以在北京四环内买一套 80 平方米左右的房子，但 10 年后的今天这点钱还不够在六环外买同等大小房子付的首付。与民生最为相关的食品类商品的价格也在近几年大幅提升，很多家庭的恩格尔系数甚至达到了 40% 以上。在全球经济一体化的今天，通货膨胀早已是长期、全球性的现象。一个人甚至是几代人辛苦积累下的财富，随着时间的流逝，通货膨胀会悄无声息地谋杀掉你的财富，由富翁变成负翁也就不足为奇了。

“守财奴”的时代早已过去，理财才是应对现有的变化和以后的压力的主要方式。除去通货膨胀的因素，就业压力、工作压力的日益增大也是不得不寻找挣钱他法的方式。2013 年，大量的优秀毕业生涌入职场，也让很多迫于工作竞争、工作压力越来越

大的上班族跳槽意愿越来越低，很少有人在潇洒地“炒掉”老板后再找工作。面对物价飞涨和久不见增幅的薪资，很多上班族的可支配收入越来越少，生活压力越来越大。并且，独生子女家庭的两个人结婚后，不但可能面临要赡养 4 个老人，还要应付孩子的巨大花销。你不想面对“未富先老”局面吧？

相对于西方人，尤其是犹太人，大多数中国人从小没有受到过专门的理财教育，也很少有人在学校时受到专业的、实战型的财经课程。但是，中国人不缺乏聪明的头脑，面对众多的理财产品，如银行理财产品、保险、股票、期货、基金、黄金、外汇、古玩、玉器、房产等，也有不少人经过打拼而成为亿万富豪。但是，由于人的本性和资本市场的无情，很多人也为此而付出了高昂的学费。

初入职场，由于工资、福利、奖金等待遇不高，加之不良消费和生活习惯，经常入不敷出，靠父母或信用卡过日子，并且注定要当一定时间的“月光族”。还有一种情况，就是平时工作很忙，并且经常加班，根本没有时间去理财，任由收入在工资卡里“赚取”微薄的活期利息。作家张爱玲说过：“出名要趁早。”理财也是这样，对初入职场的年轻人来说更是如此。一旦养成善于理财的习惯，让钱生钱，就像你谋取了第二职业一样。并且，科学理财不但能让你的生活质量提高，还能增强你和家庭抵御意外风险的能力。

曾经有很多人靠自己的努力而获得了人生的“第一桶金”，从而走上了更加富裕的道路。但机遇经常是可遇而不可求的，“马无夜草不肥，人无横财不富”，并不适合初入职场的年轻人。

理财的前提不需要太多的财富，重在学习理财的过程，越早开始理财，就越早积累经验和教训，为之付出的代价越小，以后获得的收益就会越多。所以，无论你每月收入和开支是多少，一定要留出一定的比例（比如10%）来做理财。

著名的投资大鳄乔治·索罗斯说："理财不能等，现在就行动。当有机会获利时，千万不要畏缩不前。"沃伦·巴菲特说："一生能够积累多少财富，不取决于你能够赚多少钱，而取决于你如何投资理财。钱找钱胜过人找钱，要懂得让钱为你工作，而不是你为钱工作。"著名的股市操盘手花荣曾经说过："男人，年轻人，更需要一份责任，你一生的成功与否，将决定着一个家庭的生活质量。如果你没有一个有钱的父亲，也没有遇上一位家财万贯的公主，那你别无选择，只有想办法让你自己成为那个有钱的父亲，让你的女儿成为那个骄傲的公主。"

纵观那些国内外成功的精明投资者们，很多都是年轻并且受到过良好教育的人，尤其是男性占绝大多数。因此，年轻且拥有财富梦想的男人们，应勇于承担起应有的或即将面临的责任，在创造财富的道路上，不断磨炼自己，战胜自我，让你的财富越滚越大。

二、理财前必知

1. 学会合理消费

刚参加工作，大多数人的经济来源相对比较单一，主要是靠工资收入，有时还不得不靠“啃老”来满足自己的日常消费。对一个国家来说，超前消费对刺激经济发展起到了很重要的推动作用。但对个人来说，若仅是为了享受和满足虚荣心，过度的超前消费就是浪费，并有可能引发严重的债务危机。

进行合理消费，首先是要评估自己的收支情况，若你的支出大于你收入的50%以上，那么你该考虑调整自己的消费方式了。其次，千万要避免做“卡奴”，有一到两张信用卡就完全足够你消费了，过多的信用卡只能诱导你进行“潇洒刷卡”，并且你还有可能要为没有准时偿还信用卡而付出高额的滞纳金和利息。再次，理性看待让人眼花缭乱的广告和推销，控制住你泛滥的消费欲望，进行开源节流是增加财富的重要途径。又次，对各类必须的支出尽量做到专款专用，防止没有计划的挪用。最后，一定要留出一部分应急现金以防备突发情况，一般情况下留出你3个月左右的工资即可。

2. 风险管理意识

理财也是有风险的。而风险是客观存在的，不可避免，并在一定条件下还带有某些规律性。因此，只能试图将风险减小到最低的限度，而不可能完全避免或消除。降低风险的最有效方法就是要意识并认可风险的存在，积极去面对、去寻找，才能够有效地控制风险，将风险降低到最小限度。风险管理是经济单位对风险进行识别、衡量分析，并在此基础上有效地处置和规避风险，降低由于风险带来的损失。

（1）理财风险存在的客观性。理财风险的客观性不会因为投资者的主观意愿而消逝。理财风险是由不确定的因素作用而形成的，而这些不确定因素是客观存在的，单独投资者不控制所有投资环节，更无法预期到未来影响理财产品价格因素的变化，因此理财风险客观存在。

（2）理财风险的广泛性。在进行理财时，理财研究、行情分析、理财方案、交易策略、风险控制、资金管理、账户安全、不可抗拒因素导致的风险等，几乎存在于理财的各个环节，因此具有广泛性。

（3）理财风险的影响性。在投资市场中，收益和风险始终是并存的。但多数人首先是从一种负面的角度来考虑风险，甚至认为有风险就会发生亏损。正是由于风险具有消极的、负面的不确定因素，使得许多人不敢正视，无法客观看待和面对投资市场，所以举足不前。

（4）理财风险的相对性和可变性。理财风险是相对于投资者选择的理财品种而言的，投资股票、黄金、保险、房产、玉石等的风险是截然不同的。由于影响股票价格的因素在发生变化的过程中，会对投资者的资金造成盈利或亏损，并且有可能出现盈利和亏损的反复变化。理财风险会根据客户资金的盈亏增大、减小，但这种风险不会完全消失。

（5）理财风险具有一定的可预见性。例如，股票价格变动会受国家政策、利率、公司经营情况、投资者的预期等影响；黄金价格波动，除供求因素外，还会受其他因素影响，如原油和美元的走势、地缘政治因素的变化等。客观、理性的分析将会为你的理财操作提供一定的指引作用。

3. 选择适合自己的理财产品

在明白了理财目的和了解了拥有的资金量、理财时间、背景知识、对风险的认识等问题后，再开始理财并付诸行动。

了解产品不要盲目跟风，尽量选择自己相对熟悉的产品购买，比如对股票比较了解，可以选择和股票挂钩的产品；对外汇比较熟悉，则可以选择与汇率挂钩的产品。即便原来没有任何背景知识，也应该在购买前要求专业理财人员进行详细解释。辨别理财计划的期限、投资方向，辨明理财计划是否保证最低收益、是否保证本金、是否约定产品自动终止的条款、是否赋予一方或双方在约定时间具有主动提前终止产品的权利，等等。

另外，了解金融机构要事先了解哪些金融机构可以销售银行理财产品，每个银行在理财产品和配套服务方面的特色和专长有哪些，进而选择自己最信赖的金融机构。

总之，理财产品的选择是一个不断积累经验和教训的过程，需要你不断地进行学习、总结和反省。在理财的市场中，你可能会遇到很多成功的喜悦和失败的悔恨等，经过不断的磨炼和捶打，直至磨掉你理财的盲目和冲动，变得理性和成熟，那么你就能抓住市场的众多机遇和及时规避、降低风险，从而实现自己的财富增长。

4. 长期理财意识

巴菲特始终坚持投资而不是投机的原则，坚持长期投资，远离短线炒作。巴菲特的成功，不是通过在股市上高抛低吸、快进快出实现的。所以，如果有投资者幻想通过快进快出、短线炒作，每年赚个50%甚至更多，那一定不会“痛并快乐着”，而只能导致“累并痛苦着”。

《华尔街日报》金融版专栏作家本·斯坦说：对那些试图每天揣测市场的人来说，市场为他们专门保留了一个特殊的投资地狱。这些人好比与羊群走散了的羸弱羚羊，总有一天会成为豺狼们的美食。

理财切忌频繁的买入卖出操作。否则，你不但要承担一定比例的手续费，投入较多的时间、精力，还极有可能钻入别人早已为你下好的圈套，从而造成重大的经济损失。

最近，证券时报网发布了一条微博“美国股民买巴菲特公司股票33年赚一万倍，价值11亿美元：1980年，美国股民Stewart Horejsi花94300美元买了巴菲特的Berkshire Hathaway，一直到今天还没卖。这些股票今天的价值为11亿美元，涨了近11664倍。大家都听说过初创期投资谷歌、Facebook赚万倍，但是买一只股票居然也能赚万倍。”现实中，能有如此眼光和毅力的人并不多见，“坚持买入并持有”似乎是少数理财成功人士的专利。

5. 市场的不确定性

谈过了风险，我们再来看看不确定性：下面有一篇演讲，对不确定性的本质和如何应对不确定性进行了较为简洁的阐述。

第一个不确定性：未来的路径难以预测；第二个不确定性：在不同的时间尺度上市场行为不一致；第三个不确定性：在未来存在着永远都没法知道的事情，而它们将对市场产生影响；第四个不确定性在于：当下的确定性无法完全决定未来的确定性；第五个不确定性：市场是动态的、进化的。

三、理财的误区

1. 把理财看成是投资

理财更多的是全方位地利用一揽子金融产品来寻求各项理财目标的实现，追求长期而稳定的收益，首要保证的是资金的安全。投资更侧重于财富的快速增值，而忽略了个人风险管理、个人税务规划、个人养老规划、子女教育规划等一系列内容。

有些人觉得理财就是拿钱去投资，买股票、买基金等。其实，投资只是理财的一个方面，投资以利益最大化为目标，而理财注重资产的优化配置，需要综合考虑投资者的资产负债情况、风险偏好程度等。广义角度的理财包含了投资，投资规划仅仅是理财规划的一个方面。

在国外，理财规划师的工作主要是根据客户的收入、资产、负债等数据，在充分考虑其风险承受能力的前提下，按照设定的目标进行生活方案的设计并帮助实施，以达到创造财富、保存财富、转移财富的目的。具体为客户理财时，理财规划师首先必须了解客户的生活目标和真实的详细信息（包括家庭成员、收支情况、各类资产负债情况等）；其次对收集到的信息进行客观地分析，一般会重点分析其资产负债、现金流量等财务情况以及对未来生活情况进行预测，经过严密的分析后，理财规划师会利用其专业知识为客户制定理财策划书，并帮助客户实施计划。在这过程中，还需要不断地与客户沟通，定期修正理财方案的内容并进行跟踪服务。因此，在追求投资收益的同时，理财更应注重人生的生涯规划、税务规划、风险管理规划等一系列的人生整体规划。

2. 理财随大溜，盲目跟风

“快速致富”甚至是“一夜暴富”是很多人的梦想，尤其是2007—2008 年的牛市让众多的普通百姓投身于其中。最疯狂的时候，曾经有人在银行倒卖排队号，因为来银行办理存款用来炒股、买基金的人太多了。随着市场的不断规范化，银行、保险公司、证券公司等五花八门的营销推广和各种各样的理财新品也不断推出，但也出现了很多由于对这些产品了解不够，只看到收益而忽视风险的盲目跟风现象。

从理财的角度来看，在人生每个阶段中，家庭的收入、支出、风险承受能力与理财目标各不相同，理财的侧重点也应该有所不同。因此，要想取得长期稳定的收益，就必须根据自己所处的阶段来设定投资目标，并时刻审视自己的资产分配状况及风险承受能力，及时进行资产配置的调整，进而选择相应的投资品种和比例。

对你的资产进行合理的配置是进行理财的前提。就目前来说，金融资产和房产是我国居民理财的主要选择对象。其中，金融资产主要有存款、股票、基金、保险、债券等产品。由于这些投资产品的风险性、收益性不同，因此进行理财时，根据不同的年龄必须考虑投资组合的比例，不宜将所有的资金投入到单一品种内，即“鸡蛋不能同时放到一个篮子里”。

对投资者而言，年龄越小，风险大的投资产品如股票、基金等可以多一点，但随着年龄的增加，风险性投资产品的投资比例应逐渐减少。初入职场的你，也可以根据自己的收入情况，按照这个原则进行合理分配。

3. 迷信“高风险高收益”

只要是投资都存在风险，只是风险大小不同罢了。通常所说的“高风险高收益”其实并不科学，往往对人们起反面误导作用。

投资者一定要牢记：天下没有免费的午餐，根本就不存在“无风险高回报”的事情。职业投资者看一个项目，首先关注的是风险，其次才是收益，不能合理控制风险就无法获取合理收益。而普通投资者看一个项目，首先关注收益，而对风险极少关注，往往导致巨大的损失。要成为一名成熟的投资者，必须时刻绷紧“风险”这根弦，抵御“高收益”的诱惑，避免冒不必要的风险，使自己遭受重大的损失。

4. 关注短线投机，不注重长期趋势

有许多国内投资者比较乐于短线频繁操作，在彰显自己手段高明的同时，以此获取投机的差价。他们每天花费大量的时间去研究投资产品的短期价格走势，比较关注眼前利益。在市场低迷的时候，由于过多地在意短期收益，常常错失良机。特别是在进行证券投资时，时常是骑上黑马却拉不住缰绳摔下，还付出不少买路钱。更有甚者，误把基金作为短线投机，因忍受不住煎熬，最终忍痛割爱。

鉴于市场的短线趋势较难把握，不妨运用巴菲特的投资理念，把握住市场大的发展趋势，顺势而为，将一部分资金进行中长期投资，树立起“理财不是投机”的理念。也就是说，理财应该抱有合理的预期，比如你去年买基金，赚了一倍，你千万别再想今年还能赚一倍。理性地说，持久的理财只要长期保持一定的超过通胀的年化收益率就可以了。

另外，理财不能冲动，要克制这样的心情，管好自己的情绪。投资的过程其实是管理情绪的过程，投资失败往往都是因为两个字——冲动。

5. 追求广而全的投资理财组合

在考虑资产风险时，很多人错误地理解了“要把鸡蛋放在不同的篮子里”这一理财理念。在实际运用中，不少投资者往往将

鸡蛋放在了过多的篮子里，使得投资追踪困难，若分析不到位，可能会降低预期收益。

著名的经济学家凯恩斯，不仅学术上颇有建树，个人理财方面也非常成功。他曾经提出这样一种投资理念，就是要把鸡蛋集中放在优质的篮子中，这样可能会使有限的资金产生的收益最大化。具体操作时，对于资金量较多的客户而言，有必要进行资产分散投资来规避风险；但对于资金不多的投资者而言，把鸡蛋放在过多的篮子里，收益可能不会达到最大化。

6. 迷信媒体和“专家”

媒体和所谓的“专家”是很多人获取理财信息的重要渠道，有的人甚至将其作为重要的依靠。殊不知很多消息可能是假消息，很多“专家”实际上是利益集团的代言人。我们进行理财的目标是将我们终身的财富实现最大化。无论你是在某只股票首次公开发行时幸运中签，还是搭上了某项高收益的银行理财产品，在很大程度上都不会真正影响你的财富。

请记住：很多的媒体和“专家”，都是由金融服务业提供的资金来运营的。若你完全听信其发布的信息，受到了蛊惑，诱使你作出了悔恨至久的决策，这与理财的目标就会背道而驰。事实上，如果你每时每刻都在盯紧你股票或基金等价格的波动、所购物业的价值变化等，大量的、不确定的信息一定会让你心烦意乱，很有可能让你采取轻率的行动，过后一定会让你后悔不已。

四、理财的原则

1. 沃伦·巴菲特的原则

沃伦·巴菲特是当今世界最具有传奇色彩的证券投资家。他以独特、简明的投资哲学和策略，投资可口可乐、吉列、所罗门兄弟投资银行、通用电气等著名公司股票、可转换证券并大获成功。他有一句经常被引用的话："投资的第一条准则是不要赔钱；第二条准则是永远不要忘记第一条。"因为如果投资一美元，赔了50美分，手上只剩一半的钱，除非有百分之百的收益，才能回到起点。

下面我们来看一下巴菲特的投资原则，希望初入职场、有心理财的你能吸收并借鉴一些。

（1）首要原则：安全！复利！

（2）买入原则：如果不愿持有10年，就不要考虑持有10分钟；如果不愿全仓买入，就一股也不要买。

（3）卖出原则：上帝欲使其灭亡，必先使其疯狂；没有更好的机会与更有把握的机会，不要轻易卖掉你的股票。

（4）长期持有原则：耐力胜过头脑；不要轻易离开市场。

（5）行动原则：不去想象你所画不出来的东西；不做没把握的事情。

（6）技术分析原则：模糊的正确远胜于精确的错误，尽量

简单。

（7）基本分析原则：鹰有时飞得比鸡低，但鸡永远飞不到鹰的高度。

（8）止损原则：良好的买进为成功的卖出奠定了一半的基础，把止损消灭在最开始的时候。

（9）等待原则：股市里的钱是永远赚不完的，但你手中的钱是可以赔完的，不要因为他人的获利而影响了自己的操作。

2. 彼得·林奇的原则

彼得·林奇被誉为“20 世纪最优秀的公募基金经理”，由他执掌的麦哲伦基金 13 年间资产增长了 27 倍，创造了共同基金历史上的财富神话。彼得·林奇的股票投资理念已经成为投资界耳熟能详的经典。他说：“不做研究就投资，和玩扑克牌不看牌面一样盲目。”

林奇创造了常识投资法。他认为普通投资人一样可以按常识判断来驰骋股市和共同基金，而他自己对于股市行情的分析和预测，往往会从日常生活中得到有价值的信息。比如他特别留意妻子卡罗琳和三个女儿的购物习惯，每当她们买东西回来，他总要问上几句。1971 年的某一天，妻子卡罗琳买“莱格斯”牌紧身衣，他发现这将是一个走俏的商品。在他的组织下，麦哲伦当即买下了生产这种紧身衣的汉斯公司的股票，没过多久，股票价格竟达到原来价格的 6 倍。

林奇关于投资的 25 条黄金规则，多年以来，令很多人受益匪浅。

（1）投资是令人激动和愉快的事，但如果不做准备，投资也是一件危险的事情。

（2）投资法宝不是得自华尔街投资专家，它是你已经拥有的。你可以利用自己的经验，投资于你已经熟悉的行业或企业，你能够战胜专家。

（3）过去30年中，股票市场由职业炒家主宰，与公众的观点相反，这个现象使业余投资者更容易获胜，你可以不理会职业炒家而战胜市场。

（4）每只股票背后都是一家公司，去了解这家公司在干什么。

（5）通常，在几个月甚至几年内公司业绩与股票价格无关。但长期而言，两者之间100%相关。这个差别是赚钱的关键，要耐心并持有好股票。

（6）你必须知道你买的是什么以及为什么要买它，“这孩子肯定能长大成人”之类的话不可靠。

（7）持有股票就像养育孩子，不要超出力所能及的范围。业余选段人大概有时间追踪8～12家公司。不要同时拥有5种以上的股票。

（8）远射几乎总是脱靶。

（9）如果你找不到一只有吸引力的股票，就把钱存进银行。

（10）永远不要投资于你不了解其财务状况的公司。买股票最大的损失来自于那些财务状况不佳的公司。仔细研究公司的财

务报表，确认公司不会破产。

(11) 避开热门行业的热门股票。最好的公司也会有不景气的时候，增长停滞的行业里有大赢家。

(12) 对于小公司，最好等到它们有利润之后再投资。

(13) 如果你想投资麻烦丛生的行业，就买有生存能力的公司，并且要等到这个行业出现复苏的信号时再买进。

(14) 如果你用 1000 元钱买股票，最大的损失就是 1000 元。但是如果你有足够的耐心，你可以获得 1000 元甚至 5000 元的收益。个人投资者可以集中投资几家绩优企业，而基金经理却必须分散投资。持股太多会失去集中的优势，持有几个大赢家终生受益。

(15) 在每个行业和每个地区，注意观察的业余投资者都能在职业炒家之前发现有巨大增长潜力的企业。

(16) 股市的下跌如科罗拉多州 1 月份的暴风雪一样是正常现象，如果你有所准备，它就不会伤害你。每次下跌都是大好机会，你可以挑选被风暴吓走的投资者放弃的廉价股票。

(17) 每个人都有足够的智力在股市赚钱，但不是每个人都有必要的耐力。如果你每遇到恐慌就想抛掉存货，你就应避开股市或股票基金。

(18) 总有一些事情需要操心。不要理会周末的焦虑和媒介最新的恐慌性言论。卖掉股票是因为公司的基本情况恶化，而不是因为天要塌下来。

(19) 没有人能够预测利率、经济形势及股票市场的走向，不要去搞这些预测。集中精力了解你所投资的公司情况。

(20) 分析3家公司，你会发现一家基本情况超过预期；分析6家，就能发现5家。在股票市场总能找到意外的惊喜——公司成就被华尔街低估的股票。

(21) 如果不研究任何公司，你在股市成功的机会，就如同打牌赌博时，不看自己的牌而打赢的机会一样。

(22) 当你持有好公司股票时，时间站在你这一边，你要有耐心——即使你在头5年中错过了沃尔玛特股票，但在下一个5年它仍是大赢家。

(23) 如果你有足够的耐性，但却既没有时间也没有能力与精力去自己搞研究，那就投资共同基金吧。这时，投资分散化是个好主意，你该持有几种不同的基金：增长型、价值型、小企业型、大企业型，等等。投资6家同类共同基金不是分散化。

(24) 在全球主要股票市场中，美国股市过去10年的总回报排名第8。通过海外基金，把一部分投资分散到海外，可以分享其他国家经济快速增长的好处。

(25) 长期而言，一个经过挑选的股票投资组合总是胜过债券或货币市场账户，而一个很差的股票投资组合还不如把钱放在坐垫下。

3. 本杰明·格雷厄姆的投资原则

格雷厄姆是巴菲特的老师，影响了巴菲特的一生。1934年，他和戴维·多德合著的《证券分析》一书出版发行。这本书屡次

修订再版，发行数百万册，是无数美国最杰出投资家的启蒙教程，至今仍是人们最为关注的书籍，被誉为“投资者的圣经”。在该书里，他提出：“投资是一种通过认真分析研究，有指望保本并能获得满意收益的行为。不满足这些条件的行为就被称为投机。”

1942 年，格雷厄姆推出了又一部引起很大反响的力作——《聪明的投资者》。在这本书中更清楚地指出投资与投机的本质区别：投资是建立在敏锐与数量分析的基础上，而投机则是建立在突发的念头或是臆测之上。二者的关键在于对股价的看法不同，投资者寻求合理的价格购买股票，而投机者试图在股价的涨跌中获利。作为聪明的投资者应该充分了解这一点。其实，投资者最大的敌人不是股票市场而是他自己。如果投资者在投资时无法掌握自己的情绪，受市场情绪所左右，即使他具有高超的分析能力，也很难获得较大的投资收益。

格雷厄姆的投资原则主要有以下四点：

（1）价值投资。根据公司的内在价值进行投资，而不是根据市场的波动来进行投资。股票代表的是公司的部分所有权，而不应该是日常价格变动的证明。简单来说，股市从短期来看是“投票机”，从长期来看则是“称重机”。

（2）买进安全边际较高的股票。投资者应该在他愿意付出的价格和他估计出的股票价值之间保持一个差价：一个较大的差价。这个差价被称为安全边际，安全边际越大，投资的风险越低，预期收益越大。

（3）分散投资。投资组合应该采取多元化原则。投资者通常应该建立一个广泛的投资组合，把他的投资分布在各个行业的多家公司中，其中包括投资国债，从而减少风险。

（4）利用平均成本法进行有规律的投资。投资固定数额的现金，并保持有规律的投资间隔，即平均成本法。这样，当价格较低时，投资者可以买进较多的股票和基金；当价格较高时，就少买一些。暂时的价格下跌提供了获利空间，最终卖掉股票时所得会高于平均成本；也包括定期的分红再投资。

格雷厄姆认为，一个真正成功的投资者，不仅要有面对不断变化的市场的适应能力，而且需要有灵活的方法和策略，在不同时期采取不同的操作技巧，以规避风险，获取高额回报。

投资理财也是一门很重要的人生学问，需要多多学习真本事才能立于不败之地。国际金融大鳄有其值得普通人借鉴的理财原则和理念，但适合我国国情和你本人的理财原则和方式还是要继续学习，大主意还得自己拿。这样才能做到“任凭风浪起，稳坐钓鱼船”。

五、投资组合

1. “不要把鸡蛋放在同一个篮子里”

随着物价的攀升，“把钱放在银行吃利息，等于变相贬值”这一理念在大众心里打上了很深的烙印。尤其近几年随着传统理

财产品的“魅力”增长和新理财产品不断涌现，人们的理财投资方式也开始大胆起来。

2007 年股市的疯狂影响了很多人，在人们纷纷拿出存款投入股市的情况下，业内人士眼中的理财时代也呼之欲出。某银行的理财规划师说：“那一年银行存款大规模流入股市，直到现在也没缓过劲来。”在大大小小的证券公司营业部里，经常能看到散户大厅里熙熙攘攘的人群，听到大户室里连续不断的键盘敲击声。众多的上班族，甚至是拿退休金的老人也都纷纷加入炒股的行列，望着红红绿绿的股价显示屏而心潮起伏。可以想象，如今炒股已经成为大多数市民非常普遍的投资方式，即便是股指期货这样近乎肉搏的高风险投资，依然有人甘心参与。

“都说房价高，几年翻了好几番，可还是有那么多人乐意投资楼市。”作为股市之外又一大投资方式，楼市投资相对稳健一些，投资者都有很强烈的升值预期，不惜东挪西借甚至“啃老”等也要置办一套或几套房产。尽管国家调控政策不断，但新房、二手房市场交易经常出现井喷，“日光盘”“白菜价”“越调越涨”“拼命当房奴”等房市特有的市场现象令很多人为之疯狂。并且，多年来，狂热的房产投资让很多房产中介成为了一些大中型城市大街小巷中最为兴旺的店铺。

如今的理财市场，虽然股票、房产是人们热衷的理财产品，但起点相对较低的黄金、外汇、基金、银行理财产品，甚至是玉器、茶叶、邮票、酒类等的投资也都越来越受到人们的广泛关注。“不要把鸡蛋放在同一个篮子里”不光针对的是同一类型理财产品中的不同产品，还指不同类型理财产品间进行分散投资，构建投资组合，对资产进行配置，以降低风险。例如，股票产品的波动性大，风险高，既能把投资者带到财富的天堂，又能把投资者送至亏损破产的地狱；房产投资虽然是公认的抵御通胀的有效投资产品，但是它容易受到外部政策的影响，流通性也比较差，如果把所有的资金都去购买房产，则很容易引起资金链的断档，带来变现能力的困难；债券产品虽然稳健，但它的收益率往往比较有限，过度集中在这一产品上，会导致获利能力的削弱，造成无形中的资本浪费。

对于大部分希望通过投资实现自己理财目标的投资者来说，财富的平稳增长才是理财的要义所在。其实，如果以较长的时期来看，以平均收益率获得的复合增长带来的财富增值，并不一定低于大起大落的最终收获。同时，在心理层面上，平衡性增长有助于形成平和的心态，让投资成为生活中的乐事，而不是强大的心理负担。

但是，设置投资组合，进行分散投资，并不是这个也买一点，那个也买一点。由于受资金量的限制，投资组合里的产品需要因人而异。

个人投资者由于专业性和资金的局限，可以采用两个简单的原则来进行资产组合。一是按照风险配比的原则来进行资产组合。不同年龄段的投资者，在风险配比上可以依据自身的特点来实现。年轻的投资者可考虑在确保完备的保障机制前提下，适度地多投入一些资金到中、高风险的产品中。二是按照流动性原则

来进行资产组合。按照流动性的不同，资产可以投向于实物资产，像艺术品、房产等；金融资产，如股票、债券、基金等。每个人面对的资金潜在需求并不相同，充分考虑这些需求，并在流动性上达成协调。

同时，投资组合是一个变化的过程，需要不断地进行调整，这一点必须与经济周期、投资特点密切结合。比如在经济刚刚步入低谷之时，股票、房地产就是具有较大潜力的投资工具；而在经济的繁荣期，债券投资将有巨大的投资魅力。值得注意的是，决定投资组合绩效最关键的因素是投资标的的质量，而不是数量和时间。

2. 适合年轻人选择的理财产品

对于初入职场的年轻人来说，专业的理财师一般会建议选择的理财产品有：股票（占65%）、债券（占20%）、不动产（占10%）、现金（占5%）。

由于各种理财产品的风险性、收益性不同，并且随着年龄的增长、家庭的组建和自己承受能力的变化，并且自己和家庭的收入、支出等也会有所变化，因此对理财的目标、理财产品的选择和各自的比例应当适时地进行调整。

著名的畅销书作者罗宇说："生活中并不缺少财富，而是缺乏发现财富的眼睛，缺乏组合投资的智慧，缺乏打造理财金字塔的能力。只有让金钱'动'起来，才会增值，让金钱闲置，就是在'犯罪'。"在他的新书《收益一生的理财计划》中，他建议的适合家庭的投资组合比例是：14% 的股票、14% 的基金、14% 的债券、9% 的养老金、4% 的收藏品投资、14% 的教育投资、15% 的储蓄、6% 的保险。他分别用这样的词语来形容这些理财产品：股票——充满诱惑的华丽探险，基金——怎样让钱为你工作，债券——收益与风险结伴而行，养老金——人退休了钱不退休，收藏品投资——笑纳百金，教育投资——理财规划从“零”开始，储蓄——富人幸福的定海神针，保险——让你的一生努力不至于归零。

六、“90 后”的理财观

随着“90 后”陆续地走向工作岗位，作为职场的新生力量，他们的理财观也很让人另眼相看。

据一项调查显示，美国的“90 后”们，在经济危机过后，他们要比父辈更加注重家庭财务规划，尤其是金融危机之后，“90 后”的金钱价值观更趋向于合理消费，不当债奴。从下面两个表中可以看出美国“90 后”的理财观情况。

表 1　美国“90 后”对金钱、理财概念和知识的了解状况

投资和理财具体项目知识	了解和掌握相关知识的人数比例
在购物上懂得如何寻找物美价廉商品	66%
会写支票	60%
懂得借记卡和信用卡之间的区别	60%

续 表

投资和理财具体项目知识	了解和掌握相关知识的人数比例
了解如何做预算	57%
知道在网络上如何保护个人资讯	50%
知道如何建立好的金融信誉	38%
清楚银行支票账户上结余的计算	35%
看得懂银行和信用卡的每月账目表	35%
知道如何管理信用卡	35%
了解信用卡如何计算利率和各种费用	31%
了解信用卡信用分数的意义	31%
清楚如何缴纳个人所得税	22%
知道 401（k）退休计划的功能	17%

表 2　　美国“90 后”最想了解的投资理财知识

投资理财知识	所占人数比例
成年后都需要购买什么样的保险	62%
如何投资能够使资本增值	61%
个人所得税缴纳上如何合理省税	53%
积蓄的方式和手段	51%
如何能够获得较大额贷款	49%
如何做财务预算	43%
如何管理信用卡	40%
如何在网络上保护自己的个人信息	40%

相对于美国的“90 后”，我国的“90 后”多为独生子女，并且被贴上了比如个性张扬、扮萌、敏感、爱追求潮流、爱用“火

星文”等各种各样的标签。在理财方面，由于这几年物价涨幅很快与购物方式的多元化，尤其是网购的各种促销和价格战等，强烈地刺激了人们的购物欲望，使得理财对于“90后”来说越来越难。

但是，也有不少的“90后”确实“理财有道”。因为他们有着充分的创新思维，对钱财越来越重视，闯劲儿十足，创业也较早。并且，由于对新颖事物有着充分的好奇感和行动能力，因此对比如开网络店铺、购买银行或保险公司的理财产品，有的“90后”甚至出资承租彩票店铺当幕后小老板等。

作为青年一代的新消费群体，理财专家给“90后”提出的建议有：

（1）消费前学会“三思而后行”，并且要学会记账。所谓三思即在作出一个大额的消费决定之前，不妨冷静地多问自己几次“这笔开销是否在我能力范围内?”经过一系列的理性思考，不断提高风险意识，可尽量避免超额和冲动消费。“90后”职场新人要想理财必须先从学会记账开始。刚入职场，就拿那么一点薪水，而且也喜欢呼朋唤友，今天下馆子，明天KTV，不记账，肯定很快就会将刚到手的薪水花光了。

（2）学会建立“小金库”：首先储备3～6个月的工资，为可能发生的重大支出做预留，承担对家庭的责任感；其次预留至少1个月的工资，应对生活中可能发生的临时支出。另外，强制储蓄也是提高自己财富的一种方法，即每个月要雷打不动存下一笔钱，数量可以不多，但一定要存，随着薪水不断增加，可以适当

调整存款的额度。

（3）“积少成多”，防御风险。现代生活方式的改变、环境的恶化和高强度的工作压力，需要特别谨防意外和重大疾病对自身和家庭财务造成的巨大冲击。不妨考虑一份两全型的重大疾病保险，每年定期扣款，帮助强制储蓄，若不幸罹患重疾还有一笔高额的保障金。

“90后”的张杨毕业去了杭州的一家软件公司工作。因为实习就在那家公司，直接跳过了试用期，签了正式合同，月薪4500元。

8月张杨拿到了“首薪”，在职场新丁中，张杨的薪水算是高的，他把薪水分成了三部分，1500元用来交房租和水电，1500元用做生活费，还有1500元张杨打算用来做投资。

1500元能投资什么？张杨现在还没有想好，现在股市、黄金什么的都不好做，而且他也不懂。不过，他现在的想法是更倾向于投资股市。

“虽然大家都说现在是熊市，但股票不都是在低点买入，高点卖出吗？我之前看中了一只股票，从3元多涨到了5元多，但1500元进入股市，也实在是太少了。我和我哥说好了，问他贷款5000元钱，给我做首笔投资基金，盈利后请他吃饭当利息。不论是亏了还是赚了，分10个月把这笔钱还给他。不过在这之前，我还需要积累更多的经济知识，让眼光更准一些。”

张杨表示，他也只打算用5000元钱进入股市，毕竟行情不是很好，亏的概率比较大。知道亏的概率大，还要进，这不是“明知山有虎，偏向虎山行”吗？张杨的解释是：“手上有股票，就会去留意各种消息，包括政治、经济、军事什么的，能够培养自己的投资眼光和对经济的敏感度，对投资理财有好处。我表姐就是个活生生的例子，原来对这些一窍不通，但因为买了股票，现在每天晚上雷打不动看央视2套的经济节目，对做生意什么的都有自己的想法了。”

薪水中第三个1500元，他打算用500元存银行，现在因为有外债，所以每个月还要留500元还债，剩下的500元当作投资基金存着，等还清债务了，他会把投资基金扩大到1000元。“我研究过了，有些理财产品，一两百元也可以买的。我打算看看有什么理财产品可以买。”

七、将人力资本转化为金融资本

从学校毕业进入职场，你至少有30年的时间在职场里打拼，把经济学家所谓的人力资本（智力、技能、工作习惯、个性及外貌等）转化为金融资本。在这一过程中，可能会有成功的喜悦，但也肯定少不了深刻的教训，工作、生活的阅历会让你更加成熟。在下面的内容中，本书的目的是帮你优化这一转化过程，让你少走弯路。

其实，少走弯路也就只有最重要的一条：投资自己，永不落伍。当你深陷电子游戏不能自拔的时候，当你为某一小事而长期郁郁寡欢的时候，当你后悔自己进错行业而倍感迷茫的时候……你所能做的，就是早日让自己充满“正能量”，并且要有计划地投资自己，让你的知识跟上时代的步伐，与“圈子”里的朋友们保持联系，永不落伍。

当今的时代是一个知识经济的时代，理财或投资不能仅局限在通常所说的各种资产上，若想与财富交一辈子的朋友，你就要学会投资自己，让你自己升值。“辛辛苦苦很多年，一夜回到解放前”，很多人用这样的谚语形容自己投资的悲惨遭遇。但是，你可以输了所有的家当，唯独不会输了你自己。若想让自己的财富不断增值，你就应该把一部分的投资放在提高自己的知识水平和体验上。

2004年，从一所不知名的二本院校毕业的小芳，通过各种艰难的面试和努力，应聘在某国际知名公司担任总监秘书的职务。几年后，小芳一直不甘心长期做一个秘书和每月领取那点相对微薄的薪水，迫切希望缩短自己当“蘑菇”的经历，她毅然决定在职攻读某著名高校的MBA学位。她的这一举动，让家人、朋友、同学等十分震惊，因为这不但要花光她数年的积累，还要为之付出更多的努力。当3年后小芳成功取得MBA学位后，该公司的人事部郑重宣布，聘用这位敢于投资自己的小秘书为上海分公司的经理。这一举动遭到了很多资历比她深厚的员工的质疑，但公司给出的理由是：敢于投资自己的人，公司为什么不敢投资她。

很多人会问：我刚从学校出来，难道又要让我回到学校再造吗？其实，从当前社会的发展趋势来看，随着信息化的普及，人们的工作效率得到了很大的提高，花在工作上的时间在逐渐缩短。有很多没有机会或者错过接受高等教育的人，在工作了一段时间后，充分认识到了知识的必要性，想尽办法重返校园，去接受更为系统和专业的教育，因为他们认为这能让他们获得更多的优势，在以后的工作和生活中更加受益。

曾经有人开玩笑说：高考时是我知识水平最高的时候，张口能说外语，还上知天文下知地理。大学对于有些人来说，是他们放松心情，充分张扬个性、沾染酒精、经常玩游戏刷夜等的地方，也是进入职场之前获得一纸文凭的所在。若在大学的四年时间里不是草草应付，而是多学些知识和技能，并且学会自我约束，那结果会怎么样呢？

虽然很多人在大学时所学的专业与实际工作时的情况并不对口，但还是有选择的机会，即要么跳槽，要么就是继续努力学习现在工作所需的知识，甚至可以选择回到学校或专业补习班进行系统教育。工作后再选择进行深造，往往会带有一定的目的性，而不是直接从本科生变成硕士生，再变成博士生。

在知识和技能方面投资自己，绝对是你最值得花的钱！免费的午餐也许很好吃，但你不得不付出更多的代价。“书非借不能读也”，也许是有效读书的一种方式。但是，无论如何，选择继续到研究生院深造，还是接受社会办的各种专业培训班，花自己的钱最心疼，你也许会因此而非常积极和勤奋，最终取得更高的学位或专业证书，为你在职场上增加了更为突出的竞争力，甚至会给你带来人生道路的 B 计划。

值得一提的是，很多人认为“职场内无真心朋友”，也就是说，不管你的老板或同事对你有多好，也都是暂时的。你可能由于各种各样的原因而离开现有的岗位或者公司，甚至在另一个行业里打拼，以后会很少再遇见他们。相对来说，同学间的友谊才是让你最值得珍惜的，远比你在职场中建立的友谊更为持久。并且，尽量努力学习并表现得十分优秀，与你的大学老师交朋友，可能会给你的职业生涯带来很大的帮助。某些知名的教授所开设的选修课，即使与你所学的专业不相符，甚至差了十万八千里，也不妨用心去选几门。谁也不曾预料，也许是你由于好奇或者好玩儿而选修的课程，却因此有可能是你未来人生中谋生的手段或为之奋斗的目标。

小慧是某所高校历史专业本科生，出于对精油的好奇，大三时选修了本校化工系的一门选修课。修完这门课程后，她对精油产生了更为强烈的兴趣。大四时开设淘宝店，先从精心挑选的现有精油成品卖起，很快积累了“第一桶金”和宝贵的经验，到毕业时已经成为校内闻名的“小富婆”。毕业后的小慧也没有急于找工作，而是拉着几个志同道合的同学做起了老板，并聘请其老师担任技术顾问，还聘用了几个年轻人为其打工及十多个学弟学妹做兼职，从精油的研发、原料选购、批量生产、营销推广、渠道建设等全方位进行运作。两三年下来，小慧就成了业内小有名气的人物了。

在获得了你认为十分值得的教育后，你必须在职场中将自己以合适的价格“卖出去”。做你喜欢和擅长的工作，并且这个工作能为你带来很好的报酬和更为广阔的发展前景。从职场的历史、现状和发转趋势来看，每年都有才能十分突出的新人加入，但各个领域仍然缺乏优秀的人才。要让自己成为一个永远充满激情、不断增值、关键时刻能作出突出贡献的员工，那么你就永远不会失业。

另外，进行人力资本投资，有一些必要的原则，前文中略有阐述，下面对其中一些较为重要的原则进行介绍：

（1）诚实、负责和遵守规则。一个人的成功与否，很大程度上取决于其最基本的品格。就像前文中记者问诺贝尔奖获得者所得到的回答那样，幼儿园里老师教的基本原则中，诚实、负责和遵守规则是每个人都应该具备的。不要做违法的事情，对人要诚实，言必信，行必果，并且要对自己的行为负责。声誉对一个人十分重要，你必须时刻注意保护自己的声誉，曾经有很多人一世清名，却因为糊涂一时而声誉扫地。虽然名声可以修补，但是就像瓷器被摔坏修复后仍会留下裂痕一样，一旦被破坏，根本就不可能恢复到以前的样子。

随着信息化程度的不断提高，你的行为会在各种可见和不可见的情况下被记录在案，必将会对你以后的发展产生很大的影响。举例来说，德国人的严谨令全世界钦佩，对闯红灯更是严惩。在德国闯红灯的后果，不仅要被罚款，吊销驾照，还意味着诚信的缺失，被企业列入裁员黑名单，甚至可能被公司辞退。

《读者》杂志刊登了这样一则故事：一个下着小雪的夜晚，有个德国人抱着侥幸心理驾车闯了红灯，结果被一个睡不着觉的老太太发现了。没隔几天，保险公司的电话就到了："你的保险费要从明天开始增加1%。"这个人不明就里，对方回答："我们刚刚接到交通局的通知，你闯了红灯。我们觉得你这种人很危险，所以保险费要增加1%。"这个人于是想退保，到另一家保险公司去投保。但令他意想不到的是，那家公司也要求他的保险费比别人多1%。原来，全德国的保险公司通过网络都知道他有一次闯红灯的不良记录，所以每一家保险公司都会增加他的保费。同时接踵而来的是，银行通知他们家的分期付款从15年改成了10年，学校也叫他的孩子把学费用现金送过去，说不能分期付款了。

毛泽东在致新民学会学友彭璜的信中说："略可自慰者，立志真实（有此志而已），自己说的话自己负责，自己做的事自己负责，不愿牺牲真我，不愿自己以自己做傀儡。"在毛泽东看来，做人诚实、负责包括三个方面：一是敢作敢当，承担责任；二是说到做到，取信于人；三是保持真我，活出自己的真性情。

（2）正视现实，远离抱怨。“存在即是有其存在的合理性”，这并不是阿Q式的自我安慰，因为你想要的公平，就像天边的彩虹那样看着很美丽，但你永远摸不到。若是因为寻求公平而做出一些冲动的行为，往往会导致悲惨的结果。

在职场中，很有一些不公平的现象，例如：性别歧视，很多大公司根本不喜欢招聘女员工尤其是跳槽而来的婚龄、育龄期的女性，即使她们非常优秀，因为公司认为她们会在上班没多久后就要面临结婚、生孩子而不得不暂时离开现有的工作岗位，并且还有可能是出于其他方面的各种原因（注：Facebook 首席运营官谢丽尔·桑德伯格的《向前一步》一书，得到了很多人的推荐，从另一个侧面阐释了女性要想获得成功必知的秘诀）；容貌歧视也是在职场中普遍存在的现象，你可以留意一下国际各大知名公司的高层甚至是政治家，他们绝大多数都是相貌出众且整体形象也都很好的人士，虽然这可能会带给人们正面的影响，但一定程度上也造成了不公平的事实；年龄歧视也很常见，很多公司在普通岗位的招聘启事上都会注明“年龄35岁以下”的字样，除非你特别优秀或者是那种越老越吃香的职业，随着年龄的增长，转岗或跳槽并不是很明智的决定；裙带关系、任人唯亲在职场中更为常见，“70后”、少数的“80后”还有可能凭自己的本事创造上升的通道，“90后”多面临着“拼爹”的无奈。

在职场中，你越早地放下心理的包袱，就会越早地看清前进的方向。因为正视现实，远离抱怨，才是在职场中向上走的正确途径！

（3）每天关注财经类信息。CCTV2 的经济信息联播、《经济观察报》、《21 世纪经济报道》、《中国经营报》、新浪财经、和讯网、1 财网等媒体，都是你可以关注的对象。有条件的话，你也可以关注一下国外的媒体。但是，如前文所述，媒体上的信息，你要善于分析和总结，不能听信片面之言，久而久之，你就能辨别真假消息和抓住难得的机遇。

（4）结婚——人生的重大选择。对于很多职场新人来说，组建家庭是进入职场不久后的必然。找对人结婚，这绝对是你以后事业发展和美满生活的最大保障。在恋爱和求婚的时候，你看到的对方会十分完美，一旦结婚后，你的心态必然会发生变化，因为随着彼此了解的加深，她/他的缺点暴露无遗。刻意按照自己的想法去改变别人，必定会带来家庭的不和谐。试想一下，按照平均寿命 75 岁来看，人的一生大概有 3.7 万多天（3900 多周）。若 28 岁左右结婚的话，在剩下的 1.7 万多天（2400 多周）里，你是选择和你的另一半吵吵闹闹过还是和和美美过？“家和万事兴”是中国传播最广的谚语之一，无论是“成功男人的背后一定站着一位伟大的女人”，还是“一个幸福女人的背后肯定有个优秀的男人”，家庭的和睦对于事业的发展有着举足轻重的作用。

（5）养孩子真的很费钱，要么选择丁克，要么努力挣钱或去挤过那公务员招考的“独木桥”。从怀孕前的准备、孕期检查、生产，到坐月子、孩子的看护，再到上幼儿园、小学、中学、大学等，除日常开销外，还得有各种课程、爱好等，还有可能要为孩子打架、闯祸等埋单，到孩子婚期又是一大笔开销……《蜗居》里小白领海萍说："每天一睁开眼，就有一串数字蹦出脑海，房贷6000，女儿上幼儿园1500，吃穿用2500……孩子吃进去的奶粉进口的一百多块钱，拉出来用的尿不湿名牌的又要一百多块钱，无论进出都要钱，整个儿一双向收费！"当孩子接受了耗费你大半辈子的精力和累计高达好几十万元的教育后，却找到了一份经常熬夜、工资低廉的女护士的工作，儿子虽然获得了名牌大学的硕士学位但高不成低不就，终日在你面前晃荡，当起了"啃老族"，你会不会感到难过？

养孩子真的很费精力，现在很多"70后""80后"选择不结婚或婚后做"丁克族"。做"丁克族"的理由有很多，例如，在富贵场的诱惑、影视文化的裹挟、商业信息的纠缠下，一些夫妇追求现代化的享受、高质量的生活，他们吃要生猛新鲜，穿要名牌服装，行要有私人轿车，身材要保持少女身材，玩要进歌厅、舞厅、酒吧、网吧……在看到现代人为抚养、教育子女所付出的昂贵费用，现代社会生存竞争的剧烈，也使这些城市新潮人物望而生畏。而丁克家庭由于可以省却养育子女的大笔开销，生活质量肯定高于普通家庭。

努力挣钱从而给孩子一个良好的生活、教育环境，是很多人拼命工作的重要动力之一。"君子爱财，取之有道"，并且"马无夜草不肥，人无横财不富"绝对不能成为超越法律的借口。

近几年来，公务员优厚的福利待遇及众多隐性收入让很多人去挤公务员招考的"独木桥"，虽然这远比高考难上很多倍。若你能幸运地被录取，你的孩子以后可以上机关幼儿园，小学、中

学也都是市内或国家级重点学校，让你的孩子在起跑线上就领先了很多的同龄人。

八、关于买房

近十年来，房地产几乎成了中国人议论最多的话题。更有甚者，有些人把房地产称为“丈母娘经济”。关于买房，必须注意以下几点：

（1）经常关注购房政策。从实际情况来看，“限购”并没有遏制房价的上涨，有些人想当房奴都当不成。但当你拥有了自己的房子，70 年的产权（实际情况是很多房子不到 30 年就被拆迁了）只不过是让你自己在付房租，并且还有可能要付出几代人的储蓄。将住房作为投资，要时刻防备泡沫破灭的风险。并且，房产税、遗产税等经济政策，都有可能对房地产市场产生很大的影响。

（2）年轻人不要急于买房。初入职场，你的很多方面都在积累阶段，过早地买房，不但有可能把你紧紧“勒住”，还有可能成为你跳槽或向更高目标迈进的绊脚石。对于刚刚开创事业的你来说，买房并不是一个很好的选择。值得你更加关注的，是怎样获得晋升或提高自己的知识、阅历等水平，而不是尽早地去争当房奴。一般来说，若你有可能在 5 年左右内搬家，那你就没必要先买房子，租房住省下的钱可以用于其他的投资或消费。

（3）若你决定买房，那么要做好紧缩开支的准备。首付会让你付出很大一笔钱，并且装修、家具、家电等的开支也可能会让你和家人纠结一番。房子的维护成本也是不小的开支，比如物业管理费、取暖费、公共维修基金、垃圾清理费、公共用电费等。若你买新房，交钥匙时会向你收取除物业管理费外，还有各种各样的费用，如契税、煤气水电入户费、装修押金等；若为二手房，除中介费外，因原房主的报价一般为净得款，有更多名目的费用需要你来支付。

（4）不要为房子付出太多。“丈母娘经济”是对房地产过热和不理性的一种极端的称谓，但也逼得很多小年轻不得不拿出几代人的积蓄来满足婚姻的需要。近十年来，等待房价实际性下降让很多人成了剩男剩女，他们付出的不光是青春岁月，还有一些为满足经济适用房或限价房条件而选择主动不涨工资、谋取更高职位或更好的工作机会。

（5）宁可租房也不要买度假房。除非你真正爱上了度假的这个地方，并打算把它当成你的第二故乡，并且你有大量的资金无处可花，否则，租住酒店或公寓要比买下度假房更为划算。有这么一个讽刺性的故事：有一对夫妻，辛辛苦苦打拼，然后买了个海景别墅，由于还房贷的压力十分巨大，他们每天不得不“两头黑”地早出晚归。但是，夫妻俩为这个房子请的保姆每天做得最多的事情，就是抱着他们家的狗在阳台上晒太阳、看海、喝咖啡……

第八章　只有上司知道的职场秘密

一、向管理者迈进，你必须具备的素质

1. 全局意识

作为一个管理者，首要具备的素质是要拥有全局意识。全局意识，就是指能够从客观整体的利益出发，站在全局的角度看问题、想办法，作出决策。

看过《亮剑》的人，往往会被李云龙一往无前的勇气所折服，然而他的指挥仅仅只是战术级的。在军校里，李云龙反复念叨的那句“自古不谋万世者，不足谋一时；不谋全局者，不足谋一域”，则让这个在日本人眼中“狡猾狡猾的”军人，上升到了战略级指挥官的级别。战术上的小胜利并不一定能带来战略上的大胜利，牺牲有时候是必需而且迫切的。有时候暂时的放弃并不是懦弱的表现，而是为最终的胜利赢得时间和空间。

所谓“善胜者不争”，是指善于获胜的人不与人争夺，因为善胜者有大局观念，凡事从大处着手，不会为一城一地的得失而

费力争夺。现实生活中，也有很多这样的例子。例如，在超市里，有很多低价销售的商品，有的甚至可能低于进货价在销售。难道超市真的是在赔本赚吆喝？实则不然。超市早就对光顾的顾客进行了分析，发现很少有只买这些低价商品而不去购买其他商品的人。超市的部分低价商品是吸引顾客的手段，容易给人留下这家超市东西都便宜的印象，从而带动顾客也购买了很多的其他商品。

2. 健康的职业心态

一般来说，你的一生中将有 30 多年的时间在职场中度过。健康的职业心态将会为你在职场中纵横驰骋提供很大的帮助。具体来说，健康的职业心态主要如下：

（1）自知和自信。自知即是有自知之明，能够清晰地知道自己的长处和短处，善于扬长避短，能够理智地作出决定。自信就是始终对自己拥有足够的自信心，保持旺盛的勇气。缺乏自信是职场大忌，因为这样的人往往会给自己找“借口”或“理由”，以求为自己辩护或安慰自己，从而求得心理上的平衡。

（2）意志和胆识。有人把商场形容成战场，职场中也无时无刻不存在着看不见的硝烟。在职场中求得生存和发展，坚强的意志和过人的胆识是必不可少的。这样的人用于超越世俗和战胜自我，善于在工作中抓住最本质、最有价值的因素，敢于面对权威的挑战，敢于承受舆论的压力，达到一种非常有益的“心理自由”的境界。

（3）宽容和忍耐。宽容主要表现在对人上，不仅包含着理解和原谅，更显示着气质和胸襟、坚强和力量。宽容主要表现为对有过错的人或反对自己的人给予理解和原谅，并且还要不嫉妒那些比自己能力强的人。相反，仇恨是一把双刃剑，报复别人的同时，自己也同样受到伤害，所以冤冤相报的结果就是两败俱伤。心中装着仇恨的人的人生是痛苦而不幸的人生，只有放下仇恨选择宽容，纠缠在心中的死结才会豁然脱开，心中才会出现安详、纯净的“爱之天空”。恨能挑起事端，爱能征服一切。

忍耐则主要表现在对事上，即对条件、局势、时间的承受能力上。“蘑菇定律”就是告诉职场新人，要学会忍耐，厚积薄发。孔子在《论语》中说：“巧言乱德，小不忍，则乱大谋。”这就是说，从谋略成大事的观点来看，“忍”还是很有必要的，今天的忍就是为了明天的成，为了明天的谋。古代越王勾践的“卧薪尝胆”，可谓是关于忍耐的重要典故。

（4）开放和追求。一个优秀的职场人士，必然懂得心态开放和追求卓越的力量有多么强大。因为只有具有开放的心态才能在日益膨胀的信息时代持续进取，保持创新的活力；只有不断地追求卓越，才能使自己不断地得到完善，为你在职场里加薪升职铺平道路。

3. 优秀的个人品质

“先做人，再做事。”优秀的个人品质是在职场中生存并取得较大发展的又一重要素质。以“人”的概念成为职场的一分子，你必须注重个人品质的培养。主要有以下两个方面：

（1）道德观。国外的市场营销学教科书，在教授了你理论、方法、案例之后，很多都有专门的一节讲道德的，例如，由美国著名的市场营销大师 Naresh K. Malhotra 著、涂平翻译的《市场营销研究：应用导向》（第五版），提醒读者在实际应用时要讲究道德。每个企业（组织）都有自己的企业文化，在遵守企业“游戏规则”的基础上，时刻注意自己的思想和言行要合乎道德的标准，对待自己的工作要有强烈的责任心。

（2）理智感。理智感是人们在智力活动和工作实践中所产生的情感体验，与人的求知欲望、兴趣以及价值观相联系。拥有理智感的人，必然会表现出坚定的信心和乐观的工作态度。

一个具有优秀个人品质的员工，其思想和言行一定会在员工群体中形成独有的人格魅力，不但有利于其工作的展开，而且还有可能影响其他人个人品质的形成，直接关系到企业文化的特征。

4. 精湛的业务能力

对于一名优秀的管理者来说，精湛的业务能力是其必须具备的，这样才能驾驭在日常工作中出现的各种复杂的问题。这里所说的业务能力，不光是一个人在工作方面的专业能力，还包括他的个人素质、知识结构等，是一个综合的体现，尤其是决策能力、应变能力、创新能力最为关键。

（1）决策能力。做决策是管理者经常要面对的工作内容。如

果一个管理者不具备较强的决策能力，那么面对各种各样的方案，就不能分辨其优劣，更不能作出准确的判断。

（2）应变能力。“快速反应能力”在现在社会中日益成为一个人较为核心的能力。企业或组织的内外部环境总是处在不断地变化之中，优秀的管理者必然擅长用权变的理念和方法来处理问题，他也必然知道保持动态平衡的必要性。

（3）创新能力。无创新，不发展。创新能力主要表现在：在日常工作中，善于敏锐地观察周边的事物，能够及时发现其中的缺陷，准确地捕捉新事物的萌芽，提出大胆的、新颖的设想，并且能够进行周密的分析，拿出可行性的思路并付诸实施。

二、站在巨人的肩膀上——要成事，先踩点

莱布尼兹曾对牛顿的数学工作备加赞赏。他说：“在从世界开始到牛顿生活的年代的全部数学中，牛顿的工作超过了一半。”牛顿也曾谦虚地说：“如果说我比别人看得远些，那只是由于我站在巨人的肩上！”职场中，若你有一颗上进的心，那么在遇到问题的时候，你就应该时刻告诫自己：如果我是领导，我该怎么办？如果你能够经常站在“巨人的肩上”想问题和处理问题，经过一定时间的历练，你离升职也就不远了！

除了竞聘上岗外，临危受命或破格提拔也是很多企业中员工从基层岗位走向领导岗位的重要的路径。在企业文化允许的情况下，职场意外总是时有发生，很多人就是通过这样的“鲤鱼跳龙

门式”的跨越，实现了自己的职场梦想，并且远远超越了他们的前辈。

2011年11月3日，神舟八号成功与天宫一号进行了历史性的交会对接，牵引起这一“太空之吻”的“红娘”，就是肩负着精导使命的25所的青春团队。

作为我国精确制导与空间探测专业的骨干研究所，“精确制导”是25所的一块金字招牌。一批年轻人，在这里用智慧与汗水追逐着航天“精导梦”。

34岁的蒋清富是助神舟飞船发现天宫一号“天眼”的主任设计师。这个衣着朴素、头发略显凌乱的小伙子，为25所“9项中国第一”殚精竭虑。很少有人知道，在型号攻关的那些年，他经历了怎样的磨难和考验。

2006年年底，一项前所未有的高难度任务摆在25所年轻人面前，这让心气颇高的技术能手蒋清富找到了兴奋点，主动申请加入科研团队。当时，作为预研课题，这个交会对接任务只有型号课题1/5的研制经费，可小蒋并不在乎，他只想着“这个全新平台有值得探索的大未来”。

硬仗接踵而至。这支团队要在两年内完成别人4年的研制历程，在看似不可能完成的任务面前，这个平均年龄只有30岁出头的团队一次次创造了奇迹。2009年9月，离外场试验只剩1个半月，重压下，团队决定成立青年突击队，蒋清富临危受命，被推选为队长。

烈日下，将10公斤重的产品拉上20米的高塔，手掌起了水泡；雨雪中，在130多米的高塔上双脚冻得麻木；更令人烦躁的是，温度室24小时不停的噪声、微波暗室里漂浮的黑色粉末……这一切，蒋清富视若无睹。“当时一忙起来满脑子都是技术参数，根本顾不上别的。”小蒋呵呵一笑。

2009年年底，时年31岁的蒋清富被破格提拔为该型号的主任设计师，这离他被评为副主任设计师仅1年。他自己的解读是，当时的任务需要有年轻人“往前冲”。2011年年底，微波雷达顺利交付，在所有用于交会对接的测量敏感器中，该产品成为最晚参与、最早交付的产品。

蒋清富所在的一室，平均年龄不到31岁，硕士比例占72%，34岁的张晓峰是这个高学历青年群体的佼佼者。26岁获博士学位的他，两年升副主任设计师，4年升主任设计师，5年升室副主任。“我这不算什么，咱所还有34岁的总师助理呢。”这个高大的湖北小伙儿扶扶眼镜，谦虚地说。

由于特殊的原因（例如，申请限价房的收入限制、享受生活、注重家庭、不愿承担太多的烦恼等），近几年在“80后”“90后”的群体中出现了少数“拒升族”。然而，升职毕竟是大多数职场人士的期待，因为这不仅是自我价值实现的良机，更可以提升自身在企业里的地位，并且薪酬也会因升职而水涨船高。

三、管理好你的上司

职场中，你不光是要被你的上司管理，同样，你还要管理好你的上司。并且，你还不能让你的上司有“被管理”的感觉。一般来说，管理好你的上司主要是如何在工作过程中与上司进行有效的沟通，如何对你的上司产生一定的影响力，这也是职场中的生存智慧。很多人在职场中发展不好，其中和上司不能很好地沟通成为直接原因之一。

在你的实际工作中，你可能有过下面的经历：无论你怎么努力，你都很难让上司接受你的观点；你作出的成绩经常得不到上司的认可；虽然很多工作都是你做的，但所有的美差也都与你无缘……如果这些事你经常遇到，那么主要的原因是你无法按照上司的风格做事，以及用恰当的方式与他进行沟通。

通过埋头苦干而得到上司的赏识是过于天真的想法，而善于拍马屁又会给同事留下过于世故的印象。总之，要想管理好你的上司，你需要通过以下 5 个方面来进行：

1. 打铁还须自身硬

在想管理好你的上司之前，你必须先要管好自己，也就是说，你首先要做的就是想办法让自己“胜任”你的工作。不可否认的是，下属的职责就是帮助上司有效地工作并且取得更好的业绩。于是，下属与上司的关系，就成了一个互相推动的作用力。

一个人的升迁机会，绝对不是把上司从高位上拽下来实现的，而是要帮助上司晋升到更高的位子上，自己做到他现在的位子上去。对于一份工作的“胜任”永远建立在主动的基础上。了解上司的期望和不满，帮助他排忧解难，产生创造的价值，才可以称为“胜任”。一个“胜任”工作的经理人一定善于请示、汇报和总结，要让你的上司明白“我该怎么为你服务”来督促他，帮助上司完善想法和执行。

“表面做足，底下做实”，是一位职场老手向新人传授的“胜任”之道。而甘于听命的下属即使做得再好也只是“称职”，即对得起那点工资。

2. 不要妄想改变你的上司

你也许曾经幻想改变你的上司，让他接受你的观点，但结果往往是你不得不按照上司的想法去做，并且有可能在上司心里留下不好的印象。你可以对他指导和管理你的方式产生一定影响，但若想通过某种策略改变你的上司则是徒劳无功的。

也许你换过几个岗位，甚至跳槽过几次，遇到过不同领导风格的上司。在谈到管理风格时，美国管理大师杜拉克曾经说："下属的工作不是去改造上司，不是去教育上司，也不是让他遵从商学院和管理书籍对上司的要求，而是让特定的上司按照他的行为风格去做事。作为一个个人，任何上司都有自己的特性，会得到好的评论和不好的评论，同时也和我们一样，需要安全感。"因此，若你想在所在的公司有更好的发展，你就必须迎合你的上司，让你的上司感觉到自己受到了自己下属的充分尊重而产生一种安全感，或许也正因为上司产生了安全感，甚至会让你的上司慢慢调整自己的领导风格。俗话说，“强扭的瓜不甜”，在与上司的交往中，因势利导反而会产生意想不到的效果。

3. 忠诚很重要

管理上的一个很重要的定律，就是“一个人只能有一个上司”，也就是你只能向你的顶头上司汇报工作，而不能越级汇报。若事情十分紧急或联系不上你的上司，你进行了越级汇报，那你在之后也要进行补报。千万不要为能在大领导面前说上几句话而沾沾自喜，若你处理不当，可能会引来不必要的麻烦。

公司或者组织的存在，就是因为能够利用多人的力量而完成共同的目标，所以必然分成多个部门，通过部门间的协作而达成。和其他部门的人搞好关系很有必要，这会给你的工作带来很大的便利，但不能过犹不及。你的所作所为，很可能被你的上司看在眼里。要是你和其他部门的过度交往行为引起了上司的怀疑，你就必须尽早想出补救的办法。因为中层之间和中层与上层之间的沟通效率，要比你单独去沟通高得多。

另外，你要时刻注意维护你上司在别人眼中的形象，不要别人面前妄加评论。遇到有人故意向你探求关于你的上司的问题时，你要尽力用称赞、拥护的词语去维护上司的形象。若一些问题实在太过尖锐，你也应该多谈及好的方面，不谈及不好的方面，虽不能说谎话，但也不能将真话全部说出。

4. 不要从上司那索取太多

你要时刻明白：作为下属，你有责任去帮助你的上司，而不是期望从上司那里索取到更多的东西。选择性地占用上司的资源是你应该有的态度。例如，在追求效率性的企业文化中，你既要保持定期跟上司有效沟通，又不能占用上司太多的时间。要把更多的时间和精力用在实际工作中，用行动来向你的上司证明你的价值。

更重要的，千万不要总是麻烦你的上司动用他的“政治资本”为你谋利益。若你经常希望你的上司对其他人说“看在他是新人的份上，这次就……”，或者“我知道他……不过他也算是我带起来的，还是再……吧”，这一方面证明了你的努力不够，另一方面让你的上司来为你做“挡箭牌”或者“背锅”。

5. 做好上司背后的人

一个理想的上司是不会把下属的功劳据为己有的，他会把荣耀归于他的下属或集体；与之对应的是，气度不凡的下属也将荣誉奉献给上司，毫不在意。但是，在实际工作中，这样的上司是非常罕见的。经常会出现这样的情况：你辛辛苦苦熬了十多个通宵搞出来的创意，被上司递交到老板那的时候，根本没有你的名字，甚至你的上司也心安理得地把这个创意当成了他自己的。

试想一下：若是你自己向公司老总递交方案，结果会怎样？估计老板会看也不看就给扔到了垃圾桶。上司之所以成为上司，一定有他可以利用和把握的资源。虽然是你写的创意，但由你的上司把创意操作成了现实中的项目，并且出于你对项目流程的了解，上司将其中的一部分由你来执行，你还会在意那个名分吗？若你写的创意正好与公司老总的想法背道而驰，虽然得以顺利实施，但最后的结果引起了老总的不满，在你权限范围内你能负担得起造成损失的责任吗？如此想来，还不如让你的上司享有你的成果，让他的能力与责任得到更好的发挥。

四、优秀是逼出来的

苹果公司之所以获得了巨大的成功，这与乔布斯的管理风格有很大的关系。而乔布斯的管理风格最为著名的一条是：潜力是被逼出来的。乔布斯的同事托德·鲁伦·米勒曾经说："乔布斯怒骂你、恐吓你、挑战你的能力，然后将你吓到。他用这种方法逼你创造奇迹。他会问你：'你认为你做得对吗？'如果你不够自信，或者缺乏胆量，或者束手无策，那你就失败了。对我而言，这是锻炼自己性格的最好机会。"在乔布斯的强压之下，谁会被吓到呢？那些缺乏自信、缺乏勇气的人肯定会被吓到，而那些具有高超智慧和坚韧毅力的人，就能在乔布斯的刁难之中生存，并获得成长。正是这种高标准，让他逼出了员工的潜力，并带领苹果公司一步步走向伟大。

上学的时候，你肯定曾在暑假还剩最后一天时疯狂地完成那些厚厚几大本的作业，也肯定有过临阵磨枪式地挑灯夜战以应对第二天的期末考试。可以说，你早就多次承受过“最后期限”(Deadline)的逼迫，并且最终还得到了满意的结果。职场中，有这样一句话：“你如果不逼自己一把，那么你就永远不知道自己有多优秀。”

当然，这句话不是要你为自己的懒惰找借口，而是要让你意识到你自己还有很大的潜力可挖。想要获得更大的成长和成功的空间，你就必须克服自身的惰性和趋利避害的心理，收起那点儿“小聪明”，全力以赴地完成你的本职工作和上司交办的任务。

在实际工作中，挑战无处不在。你可能会面临上司对你的多种刁难，时常被通知加班和做一些不属于自己本职工作内容的事情，却看到其他同事悠然自得地拿起背包正点下班或者在那闲聊、喝咖啡。一般来说，一个人的心智成熟必然要经历各种情境下的锻炼。职场的前辈曾这样告诫新员工：不怕被利用，就怕你没用；不想被“嫌”，就不要太“闲”；因为被看重，所以被施压；只为成功找方法，不为失败找借口……当你抱怨不公平的时候，要反问自己一句：我够努力了吗？若是没有，那就赶紧去做！

“好事多磨”也是在职场中得到体现最多的一句谚语。在实际工作中，耐心和细心是必须具备的心态。所谓“行百里者半九十”，很多情况下，成功就是让你多经受一点挫折和磨难，只要你能多坚持那么一会儿，意想不到的结果总会在你面前出现。

初入职场，“做个快乐的工作狂”是你应该保持并一直坚持的心态。李开复曾说：“我辛勤工作，不是因为我贫穷，而是因为我充满着激情。”工作狂一个非常重要的特点就是富有热情与感染地向别人传达自己对工作的热爱，从而在自己的周围吸引更多的资源。很多情况下，工作狂在幕后的投入比台前要多很多，他们的目标感与成就感更加突出，因为由于专注而产生的力量一定会让很多人为之惊讶。若你能够一直坚持下去，在对你自己产生影响的同时，也肯定能影响你周围的人，进而更加突出你的优秀。

参考文献

[1] 刘澜. 管理十律 [M]. 北京：中信出版社，2011.

[2] 李开复. 做最好的自己 [M]. 北京：人民出版社，2005.

[3] 劳伦斯·彼得，等. 金科玉律 [M]. 艾柯，编译. 北京：机械工业出版社，2004.

[4] 张世贤. 老板不在 [M]. 北京：经济管理出版社，2005.

[5] 王春永. 博弈论的诡计 [M]. 北京：中国发展出版社，2007.

[6] 张远灯. 选择的哲学 [M]. 北京：人民出版社，2013.

[7] 戈登·默里，丹尼尔·戈尔迪. 投资答案 [M]. 北京：中信出版社，2011.

[8] 罗宇. 收益一生的理财计划 [M]. 北京：经济管理出版社，2013.

[9] 田仁灿，顾冰. 这样投资更幸福 [M]. 北京：中信出版社，2011.

[10] 孙祺奇．只有上司知道：升职的秘密［M］．北京：中国经济出版社，2013.

[11] 李可．杜拉拉升职记［M］．西安：陕西师范大学出版社，2008.

[12] 周有光．我的人生故事［M］．北京：当代中国出版社，2013.